"十三五"国家重点图书出版规划项目

地下水污染防治知识问答

DIXIASHUI WURAN FANGZHI ZHISHI WENDA

环境保护部科技标准司
中国环境科学学会 主编

中国环境出版集团·北京

图书在版编目（CIP）数据

地下水污染防治知识问答 / 环境保护部科技标准司，中国环境科学学会主编. -- 北京 : 中国环境出版集团，2015.12（2021.8 重印）
（环保科普丛书）
ISBN 978-7-5111-2637-5

Ⅰ. ①地… Ⅱ. ①环… ②中… Ⅲ. ①地下水污染—污染防治—问题解答 Ⅳ. ① X523-44

中国版本图书馆 CIP 数据核字（2015）第 304930 号

出 版 人　武德凯
责任编辑　董蓓蓓　沈　建
责任校对　任　丽
装帧设计　宋　瑞

出版发行　中国环境出版集团
（100062 北京市东城区广渠门内大街 16 号）
网　　址：http://www.cesp.com.cn
电子邮箱：bjgl@cesp.com.cn
联系电话：010-67112765（编辑管理部）
发行热线：010-67125803，010-67113405（传真）
印　　刷　北京中科印刷有限公司
经　　销　各地新华书店
版　　次　2015 年 12 月第 1 版
印　　次　2021 年 8 月第 2 次印刷
开　　本　880×1230　1/32
印　　张　3.5
字　　数　82 千字
定　　价　18.00 元

《环保科普丛书》编著委员会

《地下水污染防治知识问答》编委会

科学顾问： 沈照理　王秉忱

主　　编： 李广贺　易　斌

副 主 编： 刘伟江　陈永梅

编　　委：（按姓氏拼音排序）

陈　坚　陈黎明　陈永梅　董　军　都莎莎
何江涛　洪　梅　贾建丽　井柳新　李广贺
李　璐　李　淼　刘伟江　卢佳新　马　骏
覃晓宁　王红旗　王明慧　文　一　夏凤英
杨　勇　于宏旭　曾　颖　张　芳　张静蓉
张　涛　张　旭　赵勇胜　朱岗辉

编写单位： 中国环境科学学会
中国环境科学学会土壤与地下水环境专业委员会
清华大学环境学院
环境保护部环境规划院
中国地质大学（北京）水资源与环境学院
吉林大学环境与资源学院
北京师范大学水科学研究院
中国矿业大学（北京）化学与环境工程学院
碧辟（中国）投资有限公司
北京建工环境修复股份有限公司

绘图单位： 北京创星伟业科技有限公司

《环保科普丛书》序

我国正处于工业化中后期和城镇化加速发展的阶段，结构型、复合型、压缩型污染逐渐显现，发展中不平衡、不协调、不可持续的问题依然突出，环境保护面临诸多严峻挑战。环保是发展问题，也是重大的民生问题。喝上干净的水，呼吸上新鲜的空气，吃上放心的食品，在优美宜居的环境中生产生活，已成为人民群众享受社会发展和环境民生的基本要求。由于公众获取环保知识的渠道相对匮乏，加之片面性知识和观点的传播，导致了一些重大环境问题出现时，往往伴随着公众对事实真相的疑惑甚至误解，引起了不必要的社会矛盾。这既反映出公众环保意识的提高，同时也对我国环保科普工作提出了更高要求。

当前，是我国深入贯彻落实科学发展观、全面建成小康社会、加快经济发展方式转变、解决突出资源环境问题的重要战略机遇期。大力加强环保科普工作，提升公众科学素质，营造有利于环境保护的人文环境，增强公众获取和运用环境科技知识的能力，把保护环境的意识转化为自觉行动，是环境保护优化经济发展的必然要求，对于推进生态文明建设，积极探索环保新道路，实现环境保护目标具有重要意义。

国务院《全民科学素质行动计划纲要》明确提出要大力提升公众的科学素质，为保障和改善民生、促进经济长期平稳快速发展和社会和谐提供重要基础支撑，其中在实施科普资源开发与共享工程方面，要求我们要繁荣科普创作，推出更多思想性、群众性、艺术性、观赏性相统一，人民群众喜闻乐见的优秀科普作品。

环境保护部科技标准司组织编撰的《环保科普丛书》正是基于这样的时机和需求推出的。丛书覆盖了同人民群众生活与健康息息相关的水、气、声、固废、辐射等环境保护重点领域，以通俗易懂的语言，配以大量故事化、生活化的插图，使整套丛书集科学性、通俗性、趣味性、艺术性于一体，准确生动、深入浅出地向公众传播环保科普知识，可提高公众的环保意识和科学素质水平，激发公众参与环境保护的热情。

我们一直强调科技工作包括创新科学技术和普及科学技术这两个相辅相成的重要方面，科技成果只有为全社会所掌握、所应用，才能发挥出推动社会发展进步的最大力量和最大效用。我们一直呼吁广大科技工作者大力普及科学技术知识，积极为提高全民科学素质作出贡献。现在，我们欣喜地看到，广大科技工作者正积极投身到环保科普创作工作中来，以严谨的精神和积极的态度开展科普创作，打造精品环保科普系列图书。衷心希望我国的环保科普创作不断取得更大成绩。

丛书编委会

二〇一二年七月

前言

地下水是我国饮用、工农业生产的重要水源，在维持生态环境系统演化与发展过程中也发挥着重要作用，一些特殊类型的地下水还具有医疗、工业开采利用、地热资源开发利用等价值。

近年来，在经济社会发展过程中，我国部分地下水污染源未得到有效控制、地下水污染程度不断加重，对饮水安全保障产生了严重威胁。我国地下水污染防治的总体形势不容乐观，部分地区地下水污染严重，由地下水污染引发的饮水安全、粮食安全、居住安全、生态安全等问题逐年增多，成为影响群众身体健康和社会稳定的重要因素。由于地下水污染呈现出隐蔽性、长期性和难恢复等特点，加大了地下水保护与治理的难度。为从根本上解决我国地下水污染防治问题，国务院出台的《水污染防治行动计划》（俗称“水十条”）对地下水污染防治提出了工作目标和措施，计划到2020年，地下水超采得到严格控制，地下水污染加剧趋势得到初步遏制。

地下水污染防治是全社会共同的责任，只有政府部门、企业和广大公众等都发挥相应的职能，才能更好地防治地下水污染。政府部门应制定地下水污染防治的目标和任务，并向公众普及地下水污染防治知识，增强公众保护地下水的意识；企业应当按照相关法律、法规及标准要求履行地下水污染监测、管理和治理义务，依法承担治理地下水污染责任；而广大公众也应在日常生活中防范地下水污染，降低地下水的暴露风险，为地下水污染治理提出自己的意见和建议，并对相关部门的治理措施进行监督。

本书梳理了地下水的相关概念、污染与危害、污染防治及管理、社会责任与公众参与等基础知识，力求通俗易懂、图文并茂地阐述地下水的有关科学知识。

在本书的编写过程中，中国环境科学学会土壤与地下水环境专业委员会、清华大学环境学院、环境保护部环境规划院、中国地质大学（北京）水资源与环境学院、吉林大学环境与资源学院、北京师范大学水科学研究院、中国矿业大学（北京）化学与环境工程学院、碧辟（中国）投资有限公司、北京建工环境修复股份有限公司委派专家参与了本书的编写工作，在此一并感谢！

由于水平有限，加之时间仓促，书中难免有疏漏、不妥之处，敬请读者批评指正！

编 者

2015 年 4 月

目录

第一部分 地下水基础知识 1

第一部分
地下水基础知识

1. 什么是水循环?

水循环通常是指在太阳辐射和重力共同作用下，大气、地表和地壳岩石空隙中的水分之间以蒸发、降水和径流等方式周而复始进行的循环，可分为大循环和小循环。海洋、陆地之间的水分交换称为大循环，海洋或大陆内部的水分交换称为小循环。地下水通常主要参与全球水循环。

地表水、浅层地下水通过蒸发和植物蒸腾而变成水蒸气进入大气圈。水汽随风飘移，在适宜条件下形成降水。落到陆地的降水，部分汇集于江河湖沼形成地表水，部分渗入地下形成地下水。地表水与地下水有的重新蒸发返回大气圈，有的通过地表径流或地下径流返回海洋。

2. 什么是地下水？

广义的地下水是指地面以下赋存于土壤和岩石空隙中的水。通常理解的地下水是指含水层中可以运动的饱和地下水，属于狭义地下水。地下水往往具有水质好、分布广、便于开采等特征，是生活饮用水、工农业生产用水的重要水源。

3. 地下水是如何形成的？

地下水的形成必须具备：补给来源、储水空间、地质条件。

地下水的补给来源包括大气降水、冰雪融水、地表河流、湖泊、凝结水等。土壤和岩石中存在大量的大小不同的孔隙、裂隙、溶隙，甚至可以形成非常巨大的地下暗河和溶洞，这些空间就是地下水储存的空间。地下水贮存空间大小、连通性以及空间分布等影响地下水的分布与运动特性。

4. 地下水有哪些基本用途？

地下水的用途广泛，主要表现为资源属性和生态属性。

地下水具有重要的水资源属性。由于地下水水质良好，分布广泛，水量稳定而成为饮用、工农业生产的重要水源。我国地下水供水量占总供水量的1/3，全国70%的人口饮用地下水。此外，一些特殊类型的地下水还具有医疗价值、工业开采利用价值、地热资源开发利用价值等。

地下水具有生态属性。地下水在维持生态环境系统演化与发展过程中发挥着重要的作用。地下水超量开采所引起的地下水位大幅度下降，将产生地表植被干枯死亡、生态退化、水土流失、河流湖泊萎缩消失、荒漠化、沙漠化等严重的生态问题。

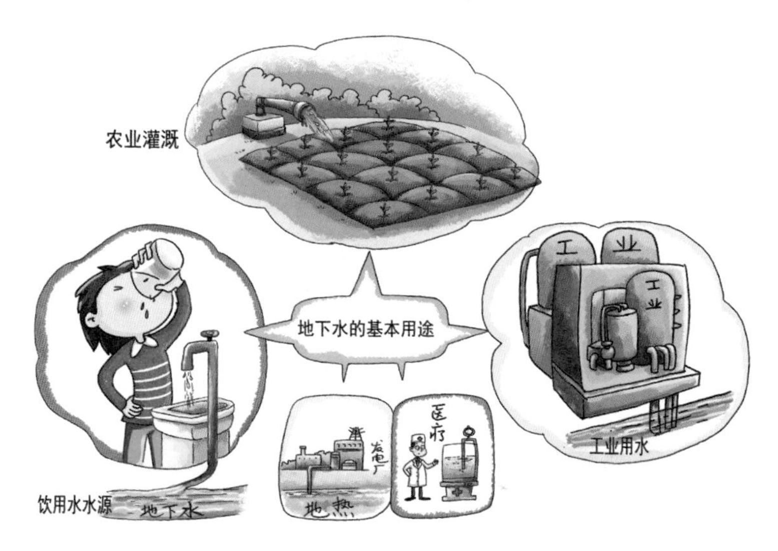

5. 地下水与地表水有什么关系？

地下水与地表水之间存在密切水力联系。由于受到地形、地貌、气象、水文、开采活动等因素影响，地下水与地表水之间存在补给或排泄关系。山前冲洪积扇地区地下水埋藏深度较大，地层多为渗透性良好的砂卵砾石，通常地表水补给地下水。平原区地下水一般埋藏深度较浅，通常地下水补给地表水。过量开采地下水将导致地下水位大幅度下降，显著改变地表水和地下水的补、排关系。

由于地表水和地下水的密切水力联系，二者在水质上也存在密切关系。受到污染的地表水入渗补给地下水，极易造成地下水污染。

由于地下水赋存在地质介质中，受到物理、化学和生物地球化学作用，地下水与地表水水质之间往往存在明显的差异。

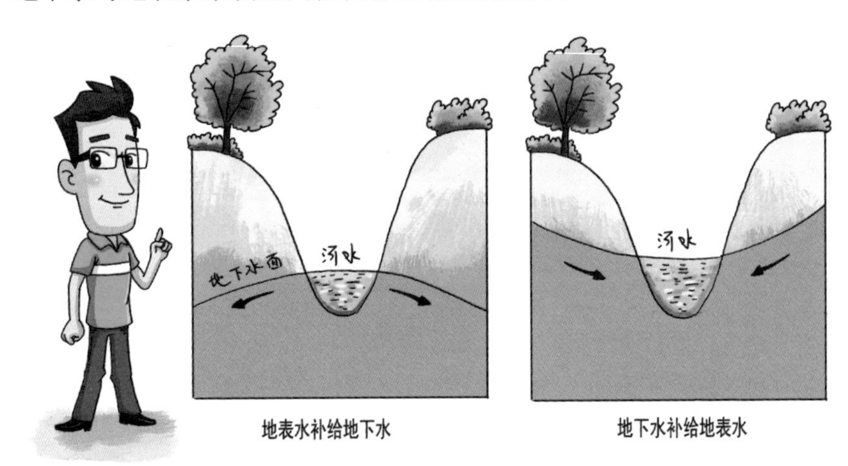

6. 地下水类型主要有哪些？

按照埋藏条件，地下水分为包气带水、潜水和承压水。按照含水介质类型，地下水可分三大类：孔隙水、裂隙水和岩溶水。

（1）孔隙水主要赋存和运移于松散沉积颗粒构成的孔隙中。孔隙水储水空间分布比较均匀，连续性好。

（2）裂隙水主要赋存和运移在岩石裂隙中，包括成岩裂隙、构造裂隙和风化裂隙。裂隙水储水空间分布很不均匀，连续性差，非均质各向异性显著。

（3）岩溶水又称为喀斯特水，赋存和运移在碳酸盐岩的溶洞、管道和裂隙中。岩溶水空间分布极不均匀，时间上变化强烈，流动迅速，排泄集中。

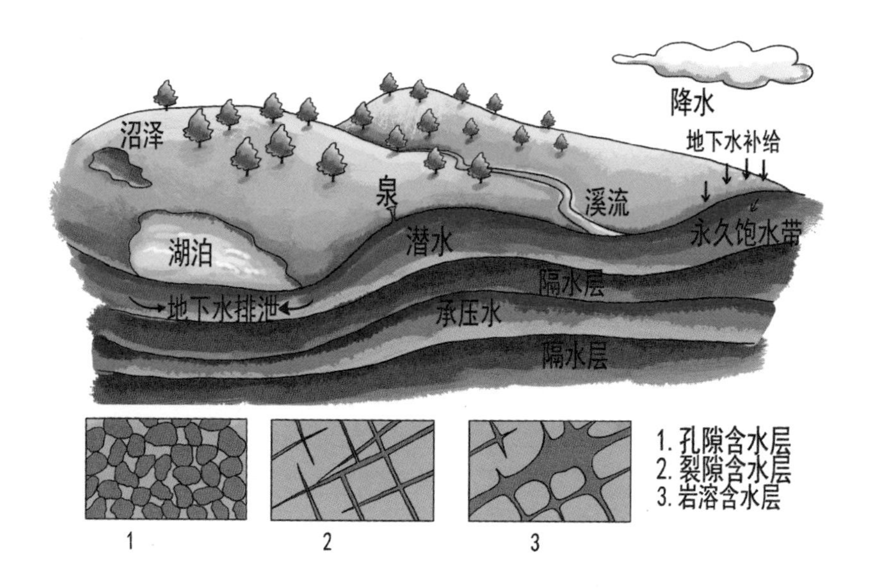

7. 什么是包气带？

在地表以下一定深度上的岩土空隙被重力水充满，形成地下水水面。地下水水面以上称为包气带，地下水水面以下称为饱水带。

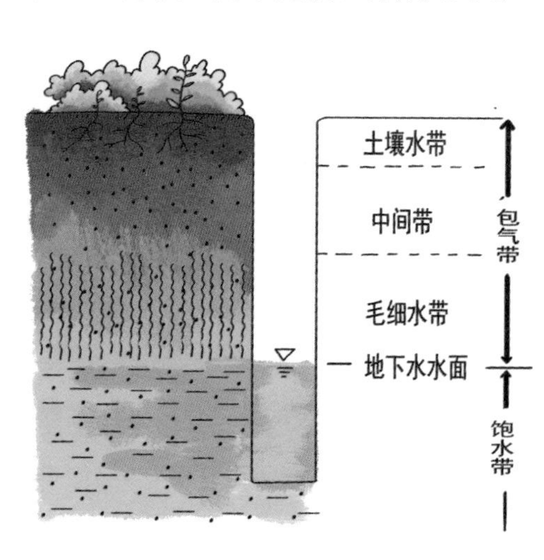

包气带的岩土空隙属于水、气共存的非饱和带，具有蓄水调节、水分与物质传输和储存、生态维持、污染物净化能力，是保护地下水，使其免遭污染的天然屏障。

8. 什么是地下水含水层和弱透水层?

地下水含水层是指能够透过并给出相当数量水的地层，弱透水层是透水和给水能力低的地层。通常所说的隔水层严格意义上是弱透水层。

含水层和弱透水层并没有定量的区分，具有相对性。性质相同的含水层在不同的地域表现出不同特性。富水程度高和透水能力强的地区的弱透水层，在水源匮乏、需水量小的地区，却可以视为含水层。可见，含水层和弱透水层之间是没有严格界限的。

9. 什么是潜水?

饱水带中第一个具有自由表面的含水层中的水称作潜水。潜水的表面为自由水面，径流受地下水水位控制，由高水位向低水位流动。

潜水含水层与大气圈、地表水圈联系密切，积极参与水循环。潜水水质受外界因素的影响显著，容易受到污染。

10. 什么是承压水？

充满于两个弱透水层（隔水层）之间的含水层中的水，叫作承压水。承压含水层上部的弱透水层（隔水层）称作隔水顶板，下部的隔水层称作隔水底板，隔水顶板与底板之间的距离为承压含水层厚度。承压水往往具有以下特征：

（1）承压水与大气、地表水的联系较差，水循环径流缓慢，不易受到污染。

（2）承压含水层分布区与补给区不一致，通常以长距离侧向补给为主，或通过“越流”方式实现不同含水层之间的水量与物量交换。

（3）承压水的补给径流排泄循环途径受地质构造影响，同时承压水的径流条件对水质的影响显著。径流条件良好的承压含水层，形成含盐量低的淡水；水循环缓慢，径流条件较差的承压水，形成含盐量较高的咸水。部分承压水甚至保留了含水层沉积形成时的古海水，含盐量可以达到每升数十甚至上百克。

11. 什么是地下水水位？

地下水水位是指地下水水面到基准面的高度，一般用海拔高程来表示。

潜水的表面为自由水面，称作潜水面；潜水面上任一点的高程称为潜水位。

承压水位为测压水位，属于虚拟水位。当钻孔揭露隔水层顶板时，钻孔中的水位将上升到含水层顶部以上一定高度才会静止下来，此时井中静止水位的高程就是承压水在该点的测压水位。

12. 地下水会流动吗？

地下水的流动主要取决于两个因素：流动通道和驱动力。当两者具备时，地下水就会产生流动。由于地下水是在土壤和岩石介质空隙中运动，运动速度受含水层介质的透水性能影响。透水性能越强的岩层，地下水运动受到的阻滞越小，地下水越容易运动。地下水水位的差异是其运动的重要驱动力，单位距离的水位差值越大，这种驱动力越强，地下水越容易运动。

地下水流动和循环对于地下水的水质特征具有重要影响。流动缓慢的地下水，水-岩相互作用充分，地下水溶解盐类较多，易形成含盐量较高的咸水；径流条件良好、循环交替积极的地下水，易形成含盐量较低的淡水。

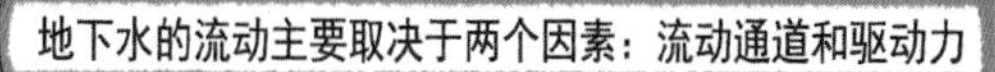

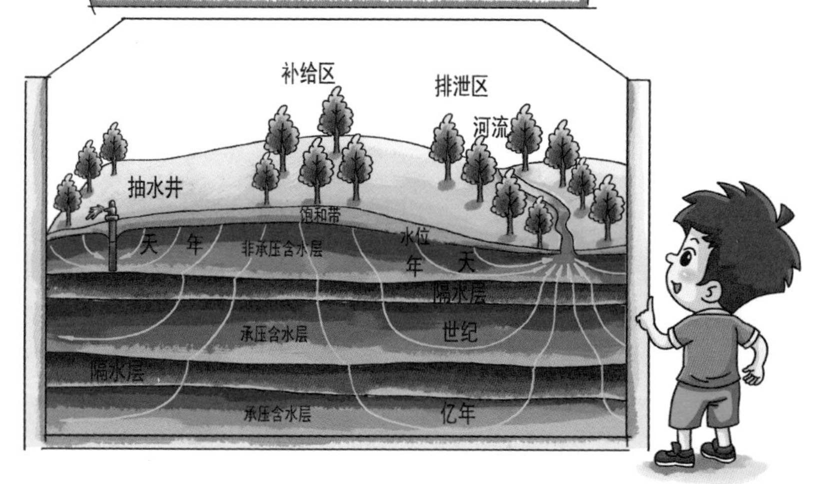

13. 地下水含有哪些成分？

地下水的化学成分复杂，含有各种离子、气体、胶体物质、有机质及微生物等，是地下水与自然地理、地质背景以及人类活动长期相互作用的结果。

地下水中的主要成分是溶解的各种离子组分，其中以氯离子（Cl^-）、硫酸根离子（SO_4^{2-}）、重碳酸根离子（HCO_3^-）、钠离子（Na^+）、钾离子（K^+）、钙离子（Ca^{2+}）及镁离子（Mg^{2+}）等组分含量最高，属于宏量组分，其他组分含量通常很低，称为微量组分。特殊地质环境地区的地下水含有砷和氟等组分。

由于人类活动的影响，一些受到污染的地下水可能会含有微量有毒有害有机或无机组分，如芳烃类、卤代烃类、重金属类等。

14. 地下水温度是如何变化的?

地下水温度受到地下水埋藏和地热异常等条件影响。一般来说，浅层地下水主要受外部气温的影响显示出微小的季节变化。随着深度的增加，受外部气温的影响减小，水温趋于稳定，地下水温度与当地年平均气温接近。

当地下水埋藏深度增加时，地下水的温度会受到来自地球内部温度的影响，埋深越大温度值越高，一般地区每增加 100 m，温度上升 1 ～ 3℃。一些受构造断裂控制区，地下水可以通过深循环获取较大的增温，形成地下热水，如西藏羊八井的钻孔，可获得温度为 160℃的热水与蒸汽。

15. 地下水有颜色吗？

地下水颜色取决于它的化学成分和悬浮于其中的杂质。一般来说，地下水与纯水一样，是无色、无味、透明的。当一些显色组分含量偏高时，会导致地下水出现不同的颜色，如硫化氢气体含量过高的地下水会呈现出翠绿色，二价铁含量高的地下水会呈现浅绿色，三价铁含量过高的地下水会呈现出黄褐色或铁锈色，锰化合物含量过高的地下水会出现暗红色等，受到污染的地下水有可能出现更为复杂的颜色。

不管是否遭受污染，如果肉眼能够明显地观察到地下水的颜色，可以初步说明此地下水不符合作为饮用水水源的感官性状要求。

当一些显色组分含量偏高时，会导致地下水出现不同的颜色

硫化氢气体含量过高的地下水会呈现出翠绿色

二价铁含量高的地下水会呈现浅绿色

三价铁含量过高的地下水会呈现出黄褐色或铁锈色

锰化合物含量过高的地下水会出现暗红色等

16. 地下水里有"居民"吗？

由于地下水赋存于岩土介质的空隙中，过滤作用会将大部分微生物去除。一般只有少量非常细小的微生物如细菌、病毒存在于地下水中。少数情况下可以有肉眼能够观察到的寄生虫或其他的小型生物。未遭受污染的地下水一般是清洁的，其中存在的少量微生物一般不会引起较大危害。我国居民饮用开水的习惯也会在很大程度上减少微生物所引起的危害。但是，受到污染的地下水中的细菌病毒可能引起疾病。受污染地下水中常见的微生物是肠道病原菌，主要来自化粪池、生活污水池、垃圾填埋场，以及污水排放系统等污染水体渗漏。

17. 地下水的分布有地域性吗？

地下水按照赋存介质的空隙类型划分为孔隙水、岩溶水和裂隙水，在我国具有一定的地域性分布特征。孔隙水主要分布于平原、河谷平原和山间盆地的松散沉积层中，例如东北平原、华北平原、长江中下游平原等。岩溶水主要赋存于碳酸盐岩层的溶洞、溶隙中，例如我国西南广西、云南、贵州等岩溶地区。裂隙水主要蕴藏于丘陵山区的基岩风化裂隙或构造裂隙中，例如我国东南福建、浙江、江西等山区等地。

18. 什么是地下水资源？

资源性是地下水的一个重要属性。地下水资源具有分布广泛、均匀，动态稳定、水质优良、不易污染等特点。地下水作为水资源的重要组成部分，在工农业生产和生活供水中具有重要作用。据统计，我国生活饮用水水源的70%、农业灌溉用水的40%、工业用水的38%来自于地下水供水。由此可见，地下水资源在国民经济和社会发展中具有重要的作用。

19. 我国的地下水资源丰富吗？

地下水资源主要是由大气降水和地表水渗透补给形成的。据中国地质调查局资料，全国地下淡水天然补给资源约为每年 8 837 亿 m^3，占水资源总量的 1/3，其中山区 6 561 亿 m^3，平原地区 2 276 亿 m^3；地下淡水可开采资源为每年 3 527 亿 m^3，其中山区为 1 966 亿 m^3，平原地区为 1 561 亿 m^3。

我国地下水资源地域分布差异明显，南方地下水资源丰富，北方相对缺乏。南、北方地下淡水天然资源分别约占全国地下淡水总量的 70% 和 30%。

受我国地下水资源量、人口分布、经济发达程度、开采条件等诸多因素的影响，我国人均地下水淡水资源并不丰富，且地域分布非常不均匀。北方地区人口和产业密集、地下水资源量有限，地下水处于超采状态，形成了大范围的降落漏斗，引发了一系列地质与环境问题。

20. 如何获取地下水？

获取地下水有两种方式：天然地下水露头、人工开采。

地下水可以通过泉水等自然排泄方式向外界输送水量。泉是地下水的天然露头，山区丘陵及山前地带的沟谷与坡脚，常可见泉。举世闻名的泉城——济南，在 2.6km^2 范围内出露 106 个泉，其总涌水量最大时达到 5m^3/s。

人工开采方式包括井孔抽取，渠道、坑道开挖等。其中利用井孔抽取地下水是地下水开采利用的主要方式，在居民生活、工业企业生产和农业灌溉等供水过程中均较为常见。地下水取水构筑物包括机井、管井、大口井等。地下水井深度可从几米到几十甚至上百米，一些开采地下热水资源的水井甚至可以达到几千米。农村地区常见的大口井、压水井，就是最为简单的地下水开采方式。城镇的集中供水多采用工艺更为复杂、深度相对较深的开采井群的方式开采地下水，通过管道输送到水厂经过适当处理，进入输配水系统实现供水。

21. 什么是地下水环境？

地下水环境由地下水及其赋存的地质环境体在地质作用和人为活动影响下所形成。天然条件下，地下水环境是长期地质作用形成的，相对比较稳定。人类活动影响下，会在不同程度上改变地下水环境，从而直接或间接引起一系列环境问题。如人类活动造成的地下水污染问题，过量开采引起的地下水生态环境问题等。

22. 地下水质量标准是如何分类的？

地下水质量标准是国家为了保护和合理开发地下水资源，防止和控制地下水污染，保障人民身体健康，促进经济发展所制定的标准，是地下水勘查评价、开发利用和监督管理的依据。《地下水质量标准》（GB/T 14848—93）依据我国地下水水质现状、人体健康基准值及地下水质量保护目标，并参照了生活饮用水、工业、农业用水水质要求，将地下水质量划分为五类。

I 类：主要反映地下水化学组分的天然低背景含量。适用于各种用途。

II 类：主要反映地下水化学组分的天然背景含量。适用于各种用途。

III 类：以人体健康基准值为依据。主要适用于集中式生活饮用水水源及工、农业用水。

Ⅳ类：以农业和工业用水要求为依据。除适用于农业和部分工业用水外，适当处理后可作生活饮用水。

Ⅴ类：不宜饮用，其他用水可根据使用目的选用。

23. 什么是地下水背景值？

地下水背景值是指天然条件下地下水环境中形成的各组分含量范围。由于受到降水、岩性、地球化学环境、地下水动力学条件等因素的影响，地下水背景值的分布表现出地域性。例如，西北内陆地区多形成一些各种离子组分含量偏高的微咸水和半咸水；高铁锰水、高氟水在我国南北方均有比较广泛的分布；一些地区分布有高砷水、低碘水等。

24. 什么是地下水环境功能？

地下水环境功能是指地下水及其所赋存的地质环境相互作用共同承载的功能，它既包括地下水本身所具有的水资源功能，也包括地下水与赋存地质环境体所共同承载的生态功能、灾害因子功能、反映地质演化过程的地质营力信息载体功能等。

DIXIASHUI

地下水

WURAN FANGZHI ZHISHI WENDA

污染防治知识问答

第二部分 地下水污染与危害

25. 什么是地下水污染？

地下水污染是指人类活动产生的有害物质进入地下水，引起地下水化学成分、物理性质和（或）生物学特性发生改变而使其质量下降的现象。地下水污染改变地下水的基本资源和生态属性，影响地下水使用功能和价值，造成值得关注的环境风险与环境安全问题。天然条件下所形成的劣质地下水不属于污染范畴。

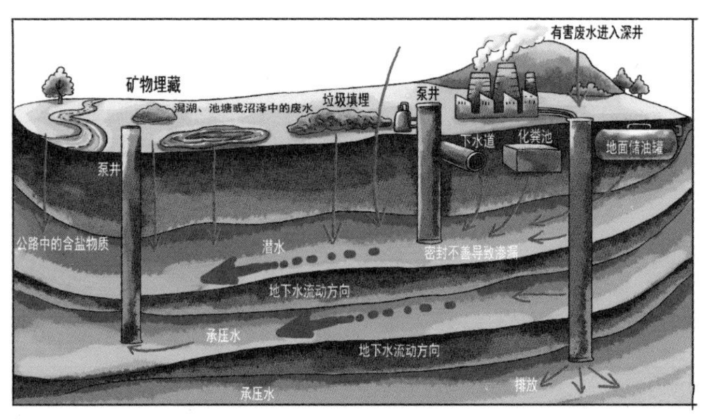

26. 什么是地下水污染羽？

地下水污染羽是指污染物随地下水运动所形成的空间范围。其空间分布及动态变化受污染源输入强度、地下水运动状态、污染物的衰减作用等影响。地下水污染羽的监测识别是污染场地地下水修复治理的重要基础工作。

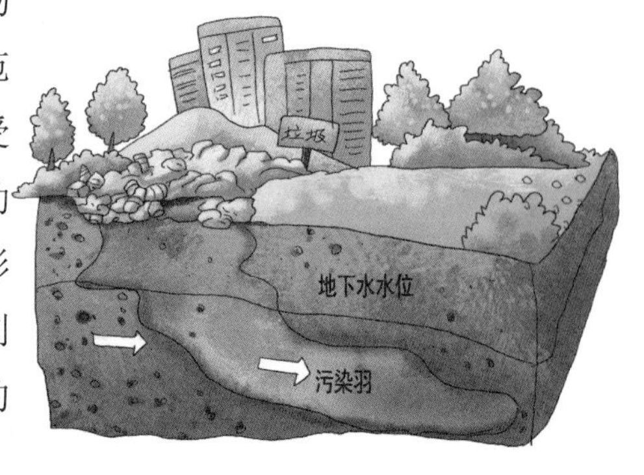

27. 地下水污染的来源包括哪些？

引起地下水污染的污染物来源称为污染源。地下水污染源包括工业污染源、农业污染源和生活污染源等。如矿山、油气田开采和工业生产过程中产生的各种废水、废气和废渣的排放和堆积，农业生产施用的肥料和农药、污水（或再生水）灌溉，市政污水管网渗漏、垃圾填埋的渗漏等。

随着土壤和地表水环境污染的加剧，量大面广的污染土壤（层）和受污染的江河湖泊已成为地下水的持续污染源，使地下水污染与土壤和地表水污染产生了密不可分的联系。

28. 地下水污染的途径主要包括哪些？

地下水污染途径是指污染物从污染源进入地下水中所经过的路径，主要包括入渗型、越流型、径流型和注入型。

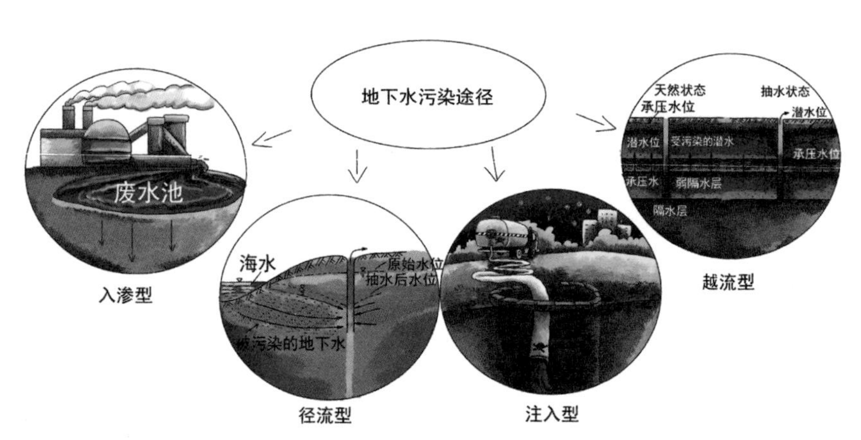

入渗型包括间歇入渗型和连续入渗型。固废堆积、土壤污染等通过降水或灌溉等间歇性（周期或非周期）渗入含水层为间歇入渗型；废水渠、废水池、渗坑渗井等以及受污染的地表水体渗漏造成地下水污染为连续入渗型。

越流型是指已污染的浅层地下水在水头压力差的作用下，通过弱透水的隔水层、水文地质天窗及废弃的开采井等向邻近的深部含水层越流，造成邻近含水层污染。很多地区出现的浅层地下水污染向深层扩散，多是这种污染途径导致。

径流型则是指污染物通过地下水径流的方式进入含水层，包括岩溶发育通道的径流、废水处理井的径流和咸水入侵等。

注入型是一些企业或单位通过构建或废弃的水井违法向地下水含水层注入废水，已成为需要高度关注的地下水污染途径。

29. 地下水污染物的类型主要有哪些？

人类活动造成地下水污染的物质称为地下水污染物。常见的地下水污染物的类型主要包括化学污染物、生物污染物、放射性污染物。

化学污染物主要分为无机污染物、有机污染物。常见的地下水无机污染物包括硝酸盐、氨氮、亚硝酸盐、溶解性总固体、总硬度、汞、镉、铬、砷等。常见的地下水有机污染物包括卤代烃类、苯系类（芳香烃类）、有机农药类、多环芳烃类与邻苯二甲酸酯类等。

地下水生物污染物主要包括细菌、病毒和寄生虫。地下水质量标准中主要有总大肠菌群、细菌总数。

常见的地下水放射性污染物包括总 α 放射性、总 β 放射性等。

30. 地下水污染的特点是什么？

地下水污染的特点主要表现为隐蔽性、长期性和难恢复性等。

地下水污染的隐蔽性主要体现为地下水赋存于地表以下的地层空隙中，样品的获取难度大、分析检测要求的技术水平高、污染源识别困难等。

地下水污染的长期性主要体现为地下水在含水层中的运动特征复杂，且多数情况下地下水的运动极其缓慢。地下水一旦受到污染，即使彻底清除了污染源，地下水质恢复也需要很长时间。

地下水污染的难恢复性主要体现为，污染物不仅会存在于水中，而且会吸附、残留在含水层介质中，不断缓慢地向水中释放，因此单独治理地下水难以实现恢复的目的。加上含水层介质类型、结构和岩性复杂，流动极其缓慢，地下水恢复治理的难度要远远大于地表水。

31. 土壤污染对地下水有哪些影响？

土壤作为污染物的赋存介质和输移通道，土壤污染与地下水污染之间存在密切的关系。一方面土壤具有一定的积累和净化污染物的能力，对于地下水起到保护作用。同时，土壤污染物通过淋滤和迁移，可进入地下水含水层，造成地下水污染。对于地下水而言，污染土壤成为地下水污染来源与污染输移通道。土壤一旦污染将导致地下水污染，因此，土壤污染防治对于地下水污染防控具有重要作用。

32. 地下水污染的危害有哪些？

地下水污染危害主要包括威胁饮水安全、食品安全和居住安全等。

（1）造成地下水生活饮用水水源水质不满足功能要求。当地下水作为饮用水水源，因污染水质指标超过地下水III类水质标准时，地下水基本丧失了作为饮用水的功能，威胁饮用水环境安全。

（2）利用受污染地下水灌溉农田，会威胁农产品安全。如使用受重金属污染的地下水灌溉农作物，将造成农作物出苗不齐、植株矮小、叶片萎黄及农副产品重金属超标等问题，引起农产品质量下降。

（3）居住区地下水污染，通过有机物挥发吸入、皮肤接触等暴露途径，对居民产生健康风险，危害居民人体健康。

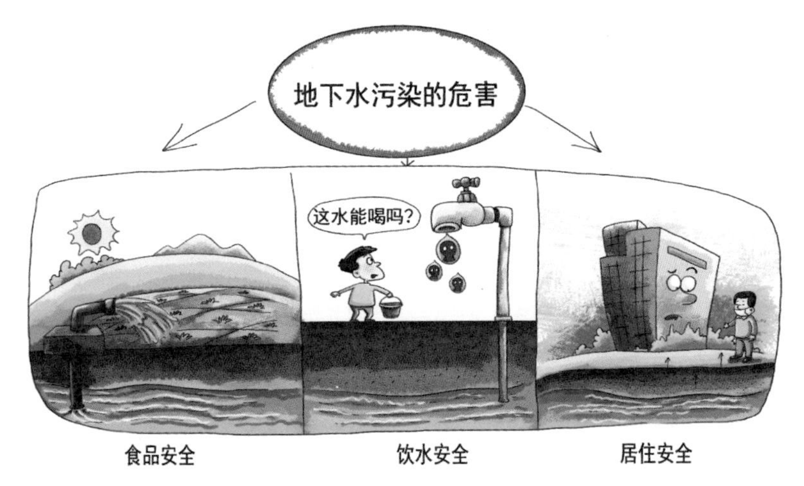

33. 地下水氮污染的种类和来源有哪些？

地下水环境中的氮以硝酸盐氮为主，其次是氨氮和亚硝酸盐氮。地下水中的氮主要来自天然源和人为源。

天然源是土壤中赋存的有机氮和硝酸盐，以及某些沉积物沉积的氮。人为源主要包括城镇生活污水、工业废水和垃圾渗漏液等，以及农业污水灌溉、氮肥和有机肥施用、畜禽养殖粪便排放等。此外，大气中的主要污染物之一氮氧化物，也可经过雨水酸沉降进入地下水。

34. 地下水氮污染的危害有哪些？

《地下水质量标准》(GB/T 14848—1993)地下水硝酸盐(以N计)Ⅲ类水质标准≤20mg/L，亚硝酸盐（以N计）含量≤0.02mg/L，氨氮（以N计）≤0.2mg/L。地下水中氮含量超标，会对人类以及动、植物产生危害。饮用水的氮含量超标，直接引起危害的是亚硝酸盐，过量亚硝酸盐进入人体后会与人体血液作用，形成高铁血红蛋白使血液失去携氧功能，从而引起高铁血红蛋白症或婴儿蓝血症。此外，亚硝酸盐在人体内易形成亚硝胺类物质，而亚硝胺是强致癌物，可严重危害人体健康。硝酸盐的危害主要表现为硝酸盐进入人体后可被还原为亚硝酸盐，从而威胁到人体健康。日本、英国、智利、哥伦比亚均报道过亚硝酸盐、硝酸盐与胃癌发病率存在较为明显的相关性。

35. 地下水有机污染的种类有哪些？

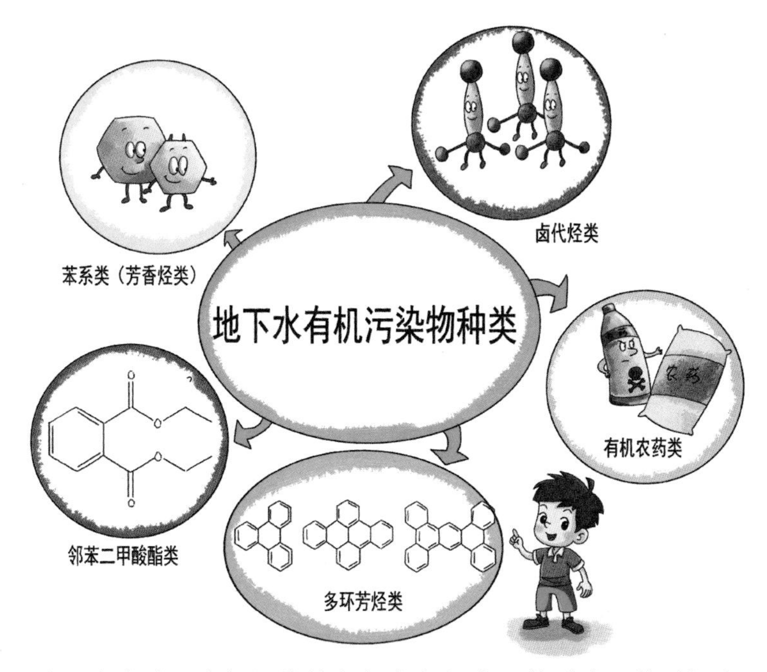

地下水中常见有机污染物包括卤代烃类、苯系类（芳香烃类）、有机农药类、多环芳烃类与邻苯二甲酸酯类等，且数量和种类仍在迅速增加。

根据有机污染物是否易于被微生物分解而将其分为生物易降解有机污染物和生物难降解有机污染物（或持久性有机污染物）两类。根据有机物挥发性，地下水有机污染物分为挥发性有机污染物和半挥发性有机污染物。常见的挥发性有机污染物主要包括苯系物类（苯、甲苯、二甲苯等）、饱和或不饱和卤代有机物类（三氯乙烯、三氯甲烷、三氯乙烷）等；地下水中半挥发性有机污染物主要包括有机磷农药、有机氯农药、多环芳烃、多氯联苯类等。

36. 地下水有机污染的危害有哪些？

地下水中的有机污染物通常引起“三致”效应（致癌、致畸、致突变）。

挥发性有机污染物（如苯、卤代烃等）危害较大，其急性中毒主要作用于人体神经系统，慢性中毒主要作用于造血组织和神经系统，如果长时间与较高浓度的挥发性有机污染物接触，会引起恶心、头疼、眩晕等症状。

持久性有机污染物（POPs）导致婴儿的出生体重降低，发育不良，骨骼发育的障碍和代谢的紊乱；危害神经系统，造成注意力的紊乱、免疫系统的抑制；影响人体生殖系统和内分泌系统；增加癌症发病率。

37. 地下水重金属的种类和来源有哪些？

地下水中重金属种类多、分布广，主要包括铬（Cr）、镉（Cd）、铅（Pb）、镍（Ni）、铜（Cu）、铁（Fe）、锰（Mn）等，及类金属砷（As）。

地下水中的重金属来自原生环境和人为污染。我国部分区域广泛分布富含铁、锰的地下水，多来自于原生环境。而地下水中的铬、镉、铅、镍、铜等重金属组分多是由于人为活动引起的，如富含重金属废水渗漏、固体废物处置、矿山开采和有色冶炼等。

砷是地下水中最常见的类金属污染物。主要天然来源为富砷岩石长期淋滤、释放，通过地下水滞缓运动与微生物过程的共同作用，造成砷在地下水中的富集，导致富砷地下水的形成。人为来源则主要包括工业废水排放、农药使用、矿山开采、有色冶炼等。

38. 地下水重金属污染的危害有哪些？

饮用含重金属污染物的地下水可导致儿童发育迟缓或患上肾病，成人可能因此患高血压、呼吸及消化道疾病或癌症。

砷是对人体毒性作用比较严重的无机有毒物质之一，也是累积性中毒的物质，近年来研究发现，砷还是致癌（主要是皮肤癌）元素。当地下水做饮水时，《地下水质量标准》（GB/T 14848—93）规定砷含量不得大于 0.05mg/L。

铬在地下水中以六价和三价两种形态存在，六价铬具有强毒性，人体摄入大量的六价铬能够引起急性中毒，长期少量摄入也能引起慢性中毒。当地下水做饮水时，《地下水质量标准》（GB/T 14848—93）规定六价铬含量不得大于0.05mg/L。

镉是一种典型的累积富集型微量有毒污染物，主要累积在人体肾脏和骨骼中，引起肾功能失调，骨质中的钙被镉所取代，使骨质软化，引起自然骨折。这种病的潜伏期长，短则10年，长则30年，发病后很难治疗。当地下水做饮水时，《地下水质量标准》（GB/T 14848—93）规定镉含量不得大于0.01mg/L。

39. 地下水生物污染的种类和来源有哪些？

基于土壤的截留、过滤等作用，地下水中常见的生物污染物为细菌和病毒，企事业单位直接向地下水注入污水也可能会引起寄生虫的污染。

地下水中曾发现并引起水媒病传染的致病菌有霍乱菌（霍乱病）、

伤寒沙门氏菌、志贺氏菌等；地下水中病毒则主要包括脊髓灰质炎病毒、甲型肝炎病毒、胃肠病毒等，且每种病毒有多种类型，对人体危害较大；地下水中的寄生虫主要包括原生动物和蠕虫。

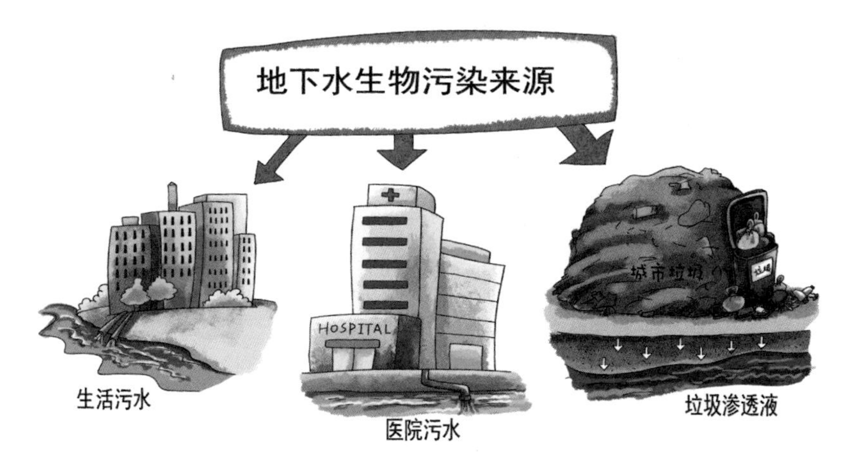

地下水中的细菌和病毒来源主要包括生活污水、医院污水及垃圾渗滤液等，未经消毒的污水中含有大量细菌和病毒，通过污灌、渗坑（井）的渗透进入包气带和饱水带，将对地下水造成生物污染。

40. 地下水生物污染的危害有哪些？

地下水源中的大肠杆菌类在人体及热血动物的肠胃中经常被发现，为非致病菌。地下水中的志贺氏菌、沙门氏菌、肠道产毒大肠杆菌、胎儿弧菌、小肠结肠炎耶氏菌等会引起不同特征的肠胃病。美国国家环保局曾报道有 9 起 2 018 个病例的水媒病是由于饮用受梨形鞭毛虫和人蛔虫污染的地下水所引起的。

41. 地下水放射性污染的来源和种类有哪些？

地下水的放射性污染根据放射性核素来源可分为自然源和人为源，其中自然源主要包括放射性矿床，而人为源则主要包括原子能工业排放的放射性废物、核武器试验的沉降物以及医疗、科研排出的含有放射性物质的废水、废气、废渣等。

地下水中主要的6种放射性核素有铀（^{238}U）、氡（^{222}Rn）、锶（^{90}Sr）、碘（^{129}I）、铯（^{137}Cs）、镭（^{226}Ra），除 ^{226}Ra 主要是天然来源外，其余都来源于工业或生活污染物质排放。

42. 地下水放射性污染的危害有哪些？

放射性物质发出的射线会破坏机体内的大分子结构，甚至直接破坏细胞和组织结构，对人体造成损伤。地下水中的放射性物质可以通过饮水、食物等途径进入人体，使人受到放射性伤害，近期效应有头痛、头晕、食欲下降、睡眠障碍等；远期则会出现肿瘤、白血病、遗传障碍等。美国国家环保局认为连续饮用含 ^{222}Rn 或 ^{226}Ra 放射性活度浓度为 5pCi/L 的水，致癌风险水平为 $0.7\times10^{-6}\sim3.0\times10^{-6}$。

注：$1Ci=3.7\times10^{10}Bq$。

$1Ci/L=3.7\times10^{13}Bq/m^3$。

43. 地下水污染的健康风险暴露途径有哪些？

地下水健康风险评价是在地下水环境调查的基础上，分析地下水中污染物对人群的主要暴露途径，评估污染物对人体健康的危害概率，计算基于健康风险的地下水风险控制值的过程。

地下水暴露途径是指污染物经摄入、吸入或接触方式进入人体。暴露途径包括饮用地下水、吸入室外空气中来自地下水的气态污染物、吸入室内空气中来自地下水的气态污染物和皮肤接触地下水。

44. 发生过地下水氮污染超标的典型案例吗？

2014 年，山东省肥城市环保局环境监测站对王庄镇 53 个行政村的 54 个地下水供水点进行了采样监测分析，发现部分地下水供水点的硝酸盐氮指标超过《地下水质量标准》（GB/T 14848—93）Ⅲ类标准要求。根据监测情况分析，地下水硝酸盐氮超标主要原因为：“两菜一粮”种植面广量大，复种指数大，化肥使用强度高，长期积累渗入造成地下水污染；小型养殖场无序发展，数量众多，粪便处理不规范，易造成地下水污染；垃圾乱丢、污水乱排等不文明行为时有发生，尤其是垃圾随地掩埋，易造成地下水污染。地下水源硝酸盐氮超标，加大了部分村民得癌症的风险。

45. 有哪些典型的地下水有机污染案例？

美国的拉夫运河事件是典型的地下水有机污染事件。1942—1953 年，美国一家电化学公司在运河中持续倾倒大量工业废物。1953 年后，运河被转赠给当地的教育机构，盖起了大量的住宅和一所学校。在这里，化学废物的非法倾倒造成了大规模的地下水污染，氯仿、三氯酚等有机污染严重，这对邻近社区的家庭造成了重大的影响。调查显示：该地区 1974—1978 年出生的孩子，其中 56% 有生育缺陷。妇女流产率增加了 300%；泌尿系统疾病也增加了 300%，而且很多孩子也被感染了。拉夫运河事件造成了巨大的社会影响和对政府的信任危机。

46. 有哪些典型的地下水重金属污染案例？

据《印度时报》援引印度水资源部的数据报道，印度近 10% 的县地下水含铅、铬、镉等重金属污染物。印度首都新德里大部分地区的地下含水层也有铅、镉、铬等重金属污染物。印度约 80% 农村的饮用水来自地下水，大部分农村没有水污染检测设施，地下水污染对约占印度总人口 70% 的农村居民影响更大。

印度首都新德里

大部分地区的地下含水层也有铅、镉、铬等重金属污染物

孟加拉三角洲

距三角洲500km的印度比哈尔邦地区遭受砷染污，癌症死亡率和皮肤损伤都很高

美国利比市的一个前木材制造厂

向环境中排放处理木材的废液和储罐底部的污泥，导致地下水和土壤被重金属污染

20 世纪 80 年代在孟加拉三角洲的一口水井中第一次发现了砷，后经印度流行病学家证实距三角洲 500km 的印度比哈尔邦地区已经受到了砷染污，这一地区的癌症死亡率和皮肤损伤都很高，这两种损

伤均与砷的慢性吸入有关。而据《自然》杂志报道，流行病学家警告在印度次大陆地区井水砷污染的问题可能会影响到更多的人群。另外，砷还会扩散浸入覆盖恒河流域的蓄水层，从而进一步产生砷污染的转移。

1946—1969 年，美国利比市的一个前木材制造厂向环境中排放处理木材的废液和储罐底部的污泥。1979 年美国国家环境保护局确定该地区的地下水和土壤被重金属污染，对饮用水井中地下水的居民会造成健康危害。1983 年 9 月，美国国家环境保护局将利比市地下水污染场地列入国家优先治理场地名单。

47. 有哪些地下水放射性污染事件？

1986 年 4 月，苏联的乌克兰境内切尔诺贝利核电站事故导致大量放射性物质泄漏，放射性核素通过入渗等途径使沉积在土壤表面的放射性物质进入地下水系统，导致地下水受到放射性物质污染。1995 年对 30 km 禁区内地下水的研究发现，^{90}Sr 是关键的放射性核素，会在此后 10 ～ 100 年内仍高于饮用水平。

美国新泽西州 Maywood 化工厂 1916—1955 年加工生产钍（Th）和其他制造活动的过程中产生放射性废物，厂家将这些废弃物填埋在该化工厂及其附近的土地，从而导致了该区域的土壤和地下水遭到了放射性污染，影响了该地区的居民健康，包括增加癌症风险。

2009 年，据美国《洛杉矶时报》报道，美国内华达州荒漠的地下曾试爆过 921 枚核弹头，此过程中产生的放射性物质严重污染了地下水，极大地阻碍了当地经济发展。对内华达州奈县的地下水检测显示，当地有 1.6 万亿 gal（加仑）[1（美）gal ≈ 3.79L] 的水受到污染，是该州允许从科罗拉多河抽水16年的总量，而这些水的价值高达480亿美元。

2013年9月，日本福岛第一核电站储水罐放射性污水大量泄漏事件被曝光，日本原了能规制委员会将该事件评定为3级（严重）。东京电力公司在8月发现的泄漏300 t污水的储水罐南侧大约15m的地方挖掘出了一排观测井，并于8月4日对井内的地下水进行了采样检测，结果发现每升井水内含有650Bq的放射性物质，东电公司首次确认从储水罐泄漏的放射性污水已经污染了地下水。

48. 如何鉴定评估地下水污染损害？

我国地下水污染损害鉴定评估工作处于起步阶段，正在强化国家和试点地区环境污染损害鉴定队伍。地下水污染损害鉴定评估是综合运用经济、法律、技术等手段，对地下水污染导致的损害范围、程度等进行合理鉴定、测算，出具鉴定意见和评估报告，为环境管理、环境司法等提供服务的活动。

49. 地下水污染损害赔偿主要范围有哪些？

地下水污染损害赔偿指污染责任方承担地下水污染事故和事件造成的各类损害。地下水污染损害赔偿包括污染行为直接造成的地下水环境功能和资源破坏、人身伤亡和财产损毁及其减少的实际价值，也包括为防止污染扩大、污染修复和（或）恢复受损环境而采取的必要的、合理的措施而发生的费用，在正常情况下可以获得利益的丧失，污染环境部分或完全恢复前生态环境服务功能期间的损害。

第三部分 地下水污染防治与管理

50. 我国地下水污染防治的总体目标是什么？

我国地下水污染防治的总体目标是地下水饮用水水源环境安全得到保障，遏制地下水水质恶化趋势，重点地区地下水水质有所改善，地下水环境监管能力全面提升，控制重点地下水污染源，地下水污染风险得到有效防范，建成地下水污染防治体系。

51. 我国地下水污染防治的基本原则是什么？

基本原则是预防为主，综合防治。综合运用法律、经济、技术和必要的行政手段，开展地下水保护与治理。以预防为主，加强地下水环境监管；制定并实施防止地下水污染的政策及技术工程措施。坚持防治结合，加大地下水污染综合防治的力度。

突出重点，分类指导。以地下水饮用水水源安全保障为重点，综合分析典型污染场地特点和不同区域水文地质条件，制定相应的控制对策，切实提升地下水污染防治水平。

落实责任，强化监管。建立地下水环境保护目标责任制、评估考核制和责任追究制。完善地下水污染防治的法律法规和标准规范体系，建立健全高效协调的地下水污染监管制度，依法防治。

52. 我国地下水污染重点防治内容是什么？

我国地下水污染防治的主要内容包括：以建立地下水环境状况调查评估制度为基础工作，以保障地下水饮用水水源环境安全为核心，以严格控制城镇污染、重点工业、农业面源等地下水污染为手段，加强防控土壤对地下水的污染，有计划开展地下水污染修复，建立健全地下水环境监管体系。

53. 地下水保护与污染防治有哪些保障措施？

严格地下水污染分区防控管理。综合考虑地下水水文地质结构、防污性能、污染状况、水资源禀赋、质量及其使用功能和行政区划等因素，建立地下水污染防治区划体系，推进执行不同区域监管和防治。

严格保护地下水饮用水水源。严格监控可能影响水源地的污染源，强化重点风险源监督管理，确保水源地水质安全，建立地下水饮用水水源风险评估和防范机制。

建立健全地下水环境监测体系，加强地下水监测能力建设。整合和优化现有地下水环境监测点位，完善地下水环境监测网络，加大地下水环境监测仪器、设备投入，建立专业的地下水环境监测人才队伍，实现地下水环境监测信息共享。

建立地下水污染风险防范体系和风险事故应急响应机制。建立预警预报标准库，构建地下水污染预报、应急信息发布和综合信息社会化服务系统。明确风险事故状态下应采取封闭、截流等措施，提出防止受污染的地下水扩散和对受污染的地下水进行治理的具体方案。形成地下水污染突发事件应急预案和技术储备体系。

加强地下水环境保护执法监管。提高地下水环境保护执法装备水平，重点加强工业危险废物堆放场、石化企业、矿山渣场、加油站及垃圾填埋场地下水环境监察。强化纳入地下水污染清单的重点企业环境执法，取缔其渗井、渗坑等地下水污染源；定期检查重点企业和垃圾填埋场的污染治理情况，评估企业和垃圾填埋场周边地下水环境状况，查找安全隐患。

完善法规标准、加强执法管理。建立和完善地下水污染防治方面的政策、制度和法律法规。加快配套法规标准体系的建设，使地下水污染防治有法可依，有章可循。

54. 如何防治农业活动对地下水的污染？

逐步控制农业面源污染对地下水的影响。对由于农业面源污染导致地下水氨氮、硝酸盐氮、亚硝酸盐氮超标的粮食主产区和地下水污染较重的平原区，大力推广测土配方施肥技术，推广病虫草害综合防治、生物防治和精准施药等技术。严格控制地下水饮用水水源地补给区农业面源污染。通过工程技术、生态补偿等综合措施，在水源补给区内积极发展生态及有机农业。

55. 如何预防市政工程对地下水的污染？

针对垃圾填埋场和污水管网渗漏所造成的地下水污染，需要采取针对性的措施，包括：

（1）按照国家相关规范设计使用正规的垃圾填埋场，做好覆盖、防渗等措施。对于正在运行且未做防渗处理的城镇生活垃圾填埋场，应完善防渗措施，建设雨水污水分流系统。对于已封场的城镇生活垃圾填埋场，要开展稳定性评估及长期地下水水质监测。对于已污染地下水的城镇生活垃圾填埋场，要及时开展顶部防渗、渗滤液引流、地下水修复等工作。有计划关闭过渡性的简易或非正规生活垃圾填埋设施。未经稳定化处理且含水率超过 60% 的城镇污水处理厂污泥不得进入生活垃圾填埋场填埋。

地下水的污染

（2）加强现有合流管网系统改造，减少管网渗漏；规范污泥处置系统建设，严格按照污泥处理标准及堆存处置要求对污泥进行无害化处理处置。逐步开展城市污水管网渗漏排查工作，及时维修和更换发生污水渗漏的管段。结合城市基础设施建设和改造，建立健全城市地下水污染监督、检查、管理及修复机制。

56. 如何预防矿山开采对地下水的污染？

制定矿区水资源统一规划，推行水资源有偿使用，做到水资源高效合理利用，减少排污，经济、合理和有效地预防地下水污染。

加强矿山开采过程中地下水资源的保护措施，加强矿区水文地质勘察工作，对矿井边界不同的水文地质条件，采取不同的开采工艺，降低突发水和矿井涌排水量。采用清污分流措施，避免对地下水的污染。

科学管理矿区尾矿库（坝）、矸石山，防止降水、淋滤等通过土壤层对地下水的污染。全面实施矿区污水处理，减少矿山开采对地下水的污染。

建立地下水污染动态监测网，形成地下水污染防控制度，预防和监控矿山开采对地下水的污染。

57. 如何预防煤炭加工对地下水的污染？

预防煤炭加工过程对地下水的污染可以从控源、截断污染途径和保护受体等角度进行：

（1）利用煤炭加工前净化和煤炭清洁利用等新技术，减少污染物排放，提高煤炭利用效率，从源头上减少或避免煤炭加工利用过程中可能产生的对地下水的污染。

（2）通过制定排放标准、选址控制、过程控制等，截断或减少排入环境的污染物，避免灰渣、废水等对地下水的污染。

（3）煤炭加工过程中推广清洁生产技术，减少废水和废渣的产生，降低对地下水污染的风险。

58. 如何预防金属冶炼对地下水的污染？

应针对金属冶炼各生产工艺和过程中设备、设施、维修等造成的金属污染物，因排放、堆积、运输等过程的泄漏和迁移等产生的对地下水的污染，从控源和截污等角度开展金属冶炼对地下水污染的预防：

（1）在金属冶炼过程中推广清洁生产技术，加强管理和宣传，减少含金属废气、废水和废渣的产生，从源头上预防对地下水的污染。

（2）应针对人工表层、人工垫层遭到破坏出现的下渗，以及排水系统破损所出现的水泻出口等开展预防和控制，从而切断金属污染物向地下水的迁移途径，避免其对地下水的污染。

59. 如何预防石油、天然气开采对地下水的污染？

石油、天然气开采主要包括勘探、钻井、井下作业、油气开采、油气集输和处理、储运等。在日常生产中，落地原油、废水和含油污泥随意排放可以导致地下水污染。另外，由于管理不当造成的安全事故，例如石油泄漏、井喷、事故、井管破损等，也会造成地下水污染。从控源、截断污染途径和保护受体等角度考虑，可以采取以下措施防止石油、天然气开采对地下水造成的污染：

（1）对开采过程中的落地原油和钻井泥浆予以收集处置。

（2）加大管理力度，加大资金投入开发新工艺，对含油废水进行循环利用，对必须排放的废弃物做到彻底处理后达标排放。

（3）定期维护和更换设施设备，采用科学的运输和存储方式，减少石油泄漏事故发生。

（4）建立管道设备泄漏检测系统和防渗系统，以及环境地下水监测系统等保护性设施，减少泄漏事故对地下水的污染。

60. 如何预防页岩气开发对地下水的污染？

页岩气已成为一种日益重要的天然气资源，水力压裂技术是广泛采用的开采方法。由于水力压裂不仅需要大量用水，并且压裂液中包含环境有害化学物质（如润滑剂、聚合物、放射性物质等），泄漏或串层造成地下水污染。因此，为了防止地下水污染，在页岩气开采过程中：

（1）按照相关的法律法规、技术规范和标准管控与评价页岩气开发对地下水环境质量的影响。

（2）在页岩气开发过程中，注重绿色环保材料和绿色新技术的使用风险。加大创新工作，降低页岩气开发对于地下水污染的风险。

（3）做好保护地下水的防范措施，严格管控和处理水力压裂过程中所产生的废水，防止泄漏污染地下水。

（4）强化地下水环境质量的监测和全过程评估，制定预警和应急方案。加强信息公开，严格监控和监管页岩气开采过程中的废物处理处置。

61. 如何预防石油化工生产对地下水的污染？

在石油炼制和化学加工过程中，含油废水及有害废物的随意排放和化工原料的跑、冒、滴、漏是造成地下水污染的主要原因。以下措施可以防止石油化工生产过程对地下水造成的污染：

（1）在石化企业的排污口设立在线监测系统，实时观测污染物的排放情况；对于未能建立在线监测系统的排污口，在污染物正常排放的情况下进行不定期的抽测，确保污染物稳定达标排放，减少对地下水的污染。

（2）通过安全填埋和焚烧等无害化方式处理石油化工过程中产生的危险废物。

（3）开发和利用新技术、新工艺，降低原材料和能源的消耗，改变生产过程中原材料的配比和组成，开发和利用新的催化剂和化学助剂。

（4）采用闭路循环技术，处理和综合利用生产过程中的副产物和废物，将所产生的废物最大限度地加以回收和循环利用，最大程度减少生产过程中排出的废物数量。

（5）定期维护和更换设施设备，建立管道设备泄漏检测系统。

（6）严格建立生产区地面、管道和罐区防渗系统，安装环境地下水监测系统等保护性设施，减少泄漏事故对地下水的污染。

62. 什么是地下水污染应急预警？

为了建立健全突发地下水环境事件应急机制，提高政府应对涉及公共危机的突发地下水环境事件的能力，制订地下水环境事件应急预案。

地下水环境事件应急预案主要内容包括组织指挥职责、地下水污染预防预警、应急响应、应急保障、后期处置等。

地下水污染防治应急措施主要包括：增强供水厂对地下水污染

物的应急处理能力，强化水处理工艺的净化效果，分区域、有重点地增强水厂对地下水污染的处理能力，编制地下水污染突发事件应急预案并定期演练。

建立地下水污染预警系统，主要包括预警预报标准库，以及地下水污染预报、应急信息发布和综合信息社会化服务系统。

63. 我国地下水污染防治的法律有哪些？

目前，我国涉及地下水污染防治的法律法规主要有《中华人民共和国水污染防治法》《中华人民共和国水法》《水污染防治行动计划》等。

《中华人民共和国水污染防治法》第四章中的第三十五条至第三十九条针对防治地下水污染，作了以下规定：

（1）禁止企业、事业单位利用渗井、渗坑、裂隙和溶洞排放、倾倒含有毒污染物的废水、含病原体的污水和其他废弃物。

（2）在无良好隔渗地层，禁止企业、事业单位使用无防止渗漏措施的沟渠、坑塘等输送或者存储含有毒污染物的废水、含病原体的污水和其他废弃物。

（3）在开采多层地下水的时候，如果各含水层的水质差异大，应当分层开采；对已受污染的潜水和承压水，不得混合开采。

（4）兴建地下工程设施或者进行地下勘探、采矿等活动，应当采取防护性措施，防止地下水污染。

（5）人工回灌补给地下水，不得恶化地下水质。

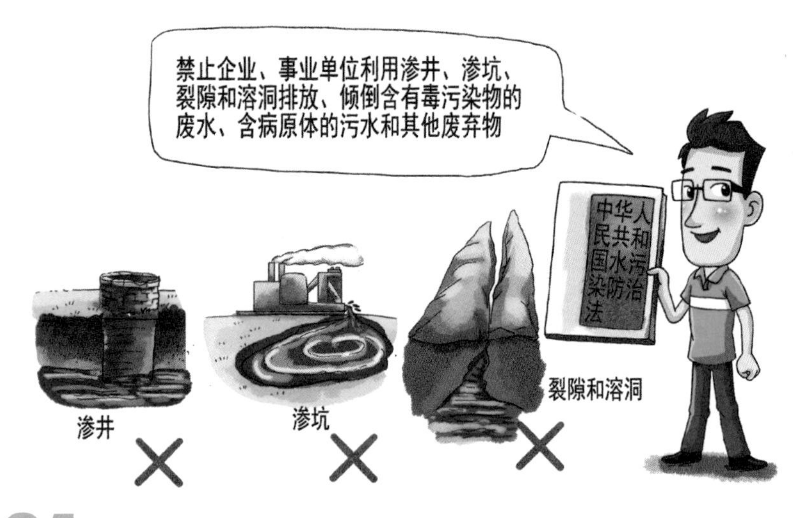

64. 我国地下水污染防治的标准规范有哪些？

我国涉及地下水环境质量与污染控制的标准主要有：《地下水质量标准》（GB/T 14848—93），依据我国地下水水质现状、人体健康基准值及地下水质量保护目标，并参照了生活饮用水、工业、农业用水水质最高要求，将地下水质量划分为五类；《城市污水再生利用　地下水回灌水质》（GB/T 19772—2005），规定了利用城市污水再生水进行地下水回灌时应控制的项目及其限值、取样与监测要求。

涉及地下水污染防治的规范主要包括《地下水环境监测技术规范》（HJ/T 164—2004）、《土壤环境监测技术规范》（HJ/T 166—2004）、《污染场地修复验收技术规范》（DB11/T 783—2011）、《场地环境调查技术导则》(HJ 25.1—2014)、《场地环境监测技术导则》(HJ

25.2—2014）、《污染场地风险评估技术导则》（HJ 25.3—2014）等污染场地系列环保标准，为各地开展场地环境状况调查、风险评估、修复治理提供技术指导和支持，为推进土壤和地下水污染防治法律法规体系建设提供基础支撑。

65. 美国有关地下水污染防治的法律有哪些？

美国建立了完善的地下水保护法律体系，同时各州都有自己的法规，州法在联邦立法的基础上根据各州的实际情况有一定的调整和细化。这些法律中最重要的是两部联邦法律：《资源保护和恢复法》（RCRA）和《环境应对、赔偿和责任综合法》（CERCLA），后者常被称为“超级基金法”。

RCRA 对固体废物和危险废物的储藏、运输、治理和处置进行监管，并要求在相关设施关停并转时或者例行检查中发现设施内可能存在污染时完成场地调查（包括对地下水的调查），其重点是通过制定管理标准来预防污染物的排放。

CERCLA 对超级基金所涵盖污染场地的土壤和地下水的调查和修复过程进行监管，规定了超级基金项目地下水修复资金的融资体系，为美国地下水污染防治工作提供了有力的支持，其方法体系也已经被多个国家借鉴和采用。

66. 欧盟有关地下水防治的法律有哪些？

欧盟作为一个区域性的国际组织，非常注重地下水的立法。在2000年和2006年分别颁布了《欧盟水框架指令》和《欧盟地下水指令》

等法律规范，促进、协调欧盟成员国的地下水立法工作。这两个指令几乎涵盖水资源水环境管理的全部领域，其中包括水资源利用（含饮用水、地下水等）、水资源保护（含城市污水处理、重大事故处理、环境影响评价、污染防治等）。与之配套，欧盟发布了《欧盟水框架指令手册》《欧盟地下水指令手册》等技术操作手册，全面介绍了地下水指令的关键原则、管理规定和工作指南，促进了欧盟地下水保护立法的有效实施。

67. 发达国家地下水污染防治管理制度有什么特色？

美国地下水污染防治管理制度较为完善，成立了专门机构并设立专项基金。美国国家环境保护局内地下水环境管理工作由水办公室总牵头，水办下设地下水和饮用水办公室，包含标准和风险管理处、饮用水保护处、水安全处，分别负责地下注入控制项目、地下水条例执行、水源水保护、私有饮用水井管理等项目。

欧盟环境委员会制定了《欧盟地下水指令》，统一制定地下水污染防治相关的法律、标准，大部分成员国由环保部门负责，农业、卫生、公共事务等部门参与。

第四部分 地下水污染治理与风险管理

68. 为什么要治理被污染的地下水？

目前，我国地下水污染的总体形势不容乐观，部分地区地下水污染严重，由地下水污染引发的饮水安全、粮食安全、居住安全、生态安全等问题逐年增多，成为影响群众身体健康和社会稳定的重要因素。加强地下水污染防治是切实保障地下水饮用水水源环境安全，保障地下水资源可持续利用，保障经济社会可持续发展的重要举措。

69. 地下水污染能治理吗？

地下水污染治理是指对地下水中有毒有害的污染物实施无害化处理的过程，包括利用各种物理、化学或生物手段对污染物进行吸收、固定、降解和转化，使地下水中污染物的含量、迁移性或者毒性得到降低，污染风险降低到可以接受的水平。地下水污染后能够进行治理，但是难度非常大，成本非常高。目前已有多种治理方法，经过治理的污染地下水，能够部分或者全部恢复地下水的功能。

70. 地下水污染治理的原则是什么？

目标可达性原则。地下水污染治理首先要满足地下水相应的使用功能，其次综合考虑工业用地、农业用地、居民住宅用地、建筑用地及其他商业用地等土地利用用途，治理后地下水环境状况对人群健康和环境的影响可以接受。

技术有效性原则。地下水污染治理能够有效降低污染物的毒性、迁移性或污染物浓度。

经济合理性原则。地下水污染治理应具有合理性，并考虑治理成本的可承受性。

技术安全性原则。地下水污染治理应符合相关的法律、法规和行业标准，施工过程不会对施工人员、周边人群健康以及生态环境产生危害。

可实施性原则。地下水污染治理应具有施工、运行、维护等技术和管理方面的可实施性。

71. 谁承担地下水污染治理的责任？

根据“谁污染，谁治理”的原则，对地下水造成污染的主体有义务对被污染的地下水实施治理。对地下水造成污染的主体可能是场地的所有者，也可能是使用者或者承租人等。鉴于有些地下水污染找不到责任主体或者责任主体已经无力承担治理责任，需要开辟更多的地下水治理融资渠道，如社会资金、财政和税费杠杆等手段构建多渠道的融资平台，建立国家和地方政府的地下水治理基金。

72. 地下水污染治理的内容有哪些？

地下水污染治理主要包括控源和清污两大方面内容。控源是指控制和消除污染地下水的污染源头，避免污染物持续进入地下水水体中。清污是指利用物理、化学或者生物手段降低或者去除地下水中的污染物，例如把污染地下水抽取出来经处理后回灌入地下或者用于其他用途，或者向污染地下水中注入化学、生物或者生物化学的药剂以去除地下水中的污染物。

73. 什么是地下水污染的风险控制?

对于风险较高的地下水污染须采用主动修复的方式，在现场对地下水进行原位的物理、化学或生物处理，或将污染地下水抽出来后利用物理、化学或生物方法处理污染物。风险较高的地下水污染采用主动修复措施之后，以及对于风险较低的地下水污染，宜采用工程控制或者制度控制的方式进行风险控制。

工程控制措施是通过设计并建立阻止目标污染物扩散或阻止污染物暴露的工程设施，限制暴露和（或）控制污染物迁移。如对污染源进行覆盖，以避免污染物与人体的接触，避免降雨携带污染物进入地下水中，阻断污染物从污染源向外部的迁移；在污染源的周围设置垂向或底部水平方向的防渗墙或屏障，防止污染物向外部的扩散；采用物理、化学、生物等手段，使污染源中的污染物稳定化或降低污染物的毒性等。工程控制措施的施工技术成熟，成本相对较低，工程建设周期相对较短，适用于多种类型的污染场地。

制度控制是采用行政许可、规划等手段限制受体接触污染地下水，来控制污染地下水的风险。如禁止在受污染地下水的分布范围内设置饮用水井或其他水井，从而防止受污染的地下水进入人体或其他生物体内造成危害。制度控制不属于治理技术，而是可用于场地清理的非工程技术手段，可以与多数其他污染地下水治理技术共同使用。除此之外，制度控制的实施通常伴随监测自然衰减技术的联用，利用地下水中天然存在的微生物对污染物的降解能力去除污染物，并进行定期监测，直到污染物浓度达到风险控制目标。

74. 地下水污染治理关注的重点是什么？

最大限度地降低地下水中污染物的总量、浓度、迁移性和毒性，在技术可靠、时间允许、经济可行以及综合治理的前提下，优先采用先进、成熟、低成本和环境友好的治理技术，避免和控制治理过程中的二次污染，以实现地下水资源的可持续利用，保护人体健康和生态安全。

75. 如何确定地下水污染治理目标？

对于地下水饮用水水源保护区和补给径流区，包括已建成的在用、备用和应急水源，选择适用标准作为修复（防控）目标。适用标准选择按照以下优先顺序：

（1）适用标准：《地下水质量标准》（GB/T 14848—93）中III类标准。

（2）相关适合标准：如果地下水修复（防控）后作为饮用水使用，且《地下水质量标准》（GB/T 14848—93）中缺乏目标污染物标准时，可参考《生活饮用水卫生标准》（GB 5749—2006），以及美国国家环境保护局（USEPA）或世界卫生组织（WHO）发布的相关饮用水质量标准。

（3）若无相关标准，按照饮用地下水的暴露途径计算地下水风险控制值。

其他区域，地下水污染治理的目标确定包括：

（1）具有农田灌溉、矿泉水等功能区域地下水，采用相关的标准（《农田灌溉水质标准》（GB 5048—2005）、《饮用天然矿泉水标准》（GB 8537—2008））制定修复（防控）目标。如地下水污染影响了地表水环境质量，依据地表水环境功能要求，采用地下水污染模拟预测结果，计算地下水污染修复（防控）目标。

（2）不具有饮用、灌溉等地下水使用功能且不影响地表水环境功能的地下水污染修复（防控）区域，采用风险评估方法，确定基于风险的修复（防控）目标。

76. 如何确定地下水污染的治理时间？

地下水污染治理时间的确定主要考虑以下几个因素：

（1）地下水污染治理目标。若针对饮用水用途的地下水，治理时间的确定是确保污染地下水经治理后能够恢复到饮用水水源功能，或彻底消除对周边地下水水源地的影响。

（2）地下水污染物类型。不同地下水中污染物的种类和浓度、地下水污染治理难易程度不一样，是否有成熟的地下水污染治理技术将直接影响地下水污染治理时间。

（3）地下水污染治理成本。在地下水污染治理技术可行的情况下，地下水污染治理成本的接受程度、地下水污染治理费用的筹措情况，也将影响地下水污染治理时间。

因此，不同的治理目标、污染类型与程度、技术类型和经费投入等，均不同程度地影响地下水污染治理的时间。

77. 地下水污染治理的程序一般包括哪些？

地下水治理修复主要包括以下几个程序：

（1）地下水环境调查：通过资料收集分析、现场探勘、人员访谈、监测井安装以及地下水样品采集分析，确定污染源、地下水中存在的污染物及其空间分布；

（2）风险评估：结合污染地下水所在场地的使用类型，敏感受体、地下水用途以及水文地质条件进行风险评估，同时结合地方标准、国家标准以及背景值确定地下水污染物的修复目标值；

（3）确定治理修复技术：根据治理修复的时间、费用、水文地质条件和污染物的种类选择合适的治理修复技术；

（4）治理修复工程实施：根据选择的治理修复技术实施污染地下水的修复工程；

（5）修复验收：针对治理修复的效果进行检测，以确保地下水污染达到修复目标，必要时，须进行长期监测。

78. 如何开展地下水环境调查？

地下水环境调查分阶段进行，一般可以分为三个阶段。

（1）第一阶段：过收集与调查对象相关的资料及现场勘查，对可能的地下水污染进行识别，分析和推断调查对象存在污染或潜在污染的可能性，确定收集资料的准确性，为下一阶段布设地下水监测点位、采集样品提供依据。

（2）第二阶段：包括初步调查和详细调查。初步调查是指对地下水污染调查对象进行初步采样分析，初步确定污染物种类和浓度，判断是否存在地下水污染。详细调查是在初步采样分析的基础上，进一步加密采样和详细分析，准确确定地下水污染程度和污染羽范围。

（3）第三阶段：以补充采样和测试为主，获得满足地下水模拟预测、风险评估、污染治理修复等工作所需参数和资料。

79. 地下水环境调查如何布置采样点？

（1）初步调查布点原则。监测点样品应能反映调查评价范围内地下水总体水质状况，以地下水的补给区、主径流带及已识别的污染区为监测重点；调查对象的上下游、垂直于地下水流方向调查区的两侧、调查区内部以及周边主要敏感带（点）均要设置监测点。地下水监测以浅层地下水为主，钻孔深度以揭露浅层地下水，且不穿透浅层地下水隔水底板为准。当调查对象附近有地下水饮用水水源地时，要对主开采层地下水进行监测，以开采层为监测重点。

（2）详细调查布点原则。地下水监测井设置应可有效监控污染羽范围和污染程度，兼顾不同含水层类型和不同层位。结合地下水污染概念模型，选择适宜的模型，模拟地下水污染空间分布状态，对布点方案进行优化。基于污染羽流空间分布的初步估算进行布点，根据污染物排放时间、地下水流向和流速，初步估算地下水污染羽流的长度，在污染羽流两侧、污染羽内部、下游边界处布设监测点。对于厚度小于 3m 的污染含水层（组），一般可不分层（组）采样；对于厚度大于 3m 的污染含水层（组），原则上要求分上、中、下三层采样。

80. 地下水污染调查的水质分析指标如何确定？

地下水污染调查的水质分析指标可根据调查的目的不同而不同，如区域地下水污染调查、特定污染场地的调查等。

区域地下水污染调查的常规分析指标包括物理性指标、化学性指标和生物性指标，分析项目较多。场地地下水水质监测指标因不同场地特征而不同。如针对工业危废堆存场和垃圾填埋场，主要调查指标除考虑标准外，还要考虑渗滤液中的常规监测指标和有毒有害成分；针对矿山开采区，主要调查指标除考虑标准外，还要重点考虑采场、选矿厂、尾矿库、废石堆场或排土场产生的重金属污染指标等。

81. 如何进行地下水污染的健康风险评估？

地下水污染健康风险评估的工作程序包括危害识别、暴露评估、毒性评估、风险表征和确定修复目标值。

危害识别是根据场地环境调查获取的资料，确定污染场地的关注污染物、场地内污染物的空间分布和可能对人体与环境的影响。

暴露评估包括分析场地土壤中关注污染物进入并危害人体和环

境的情景，确定场地土壤污染物对敏感人群的暴露途径，确定污染物在环境介质中的迁移模型和敏感人群的暴露模型，确定与场地污染状况、土壤性质、地下水特征、敏感人群和关注污染物性质等相关的模型参数值，根据暴露模型和相应的参数计算敏感人群在不同暴露情景下对应的暴露量。

毒性评估在危害识别工作的基础上，分析关注污染物对人体健康的危害效应，包括致癌效应和非致癌效应，确定与关注污染物相关的毒性参数，包括参考剂量、参考浓度、致癌斜率因子和单位致癌因子等。

风险表征的工作内容是在暴露评估和毒性评估的工作基础上，采用风险评估模型计算单一污染物经单一暴露途径的风险值、单一污染物经所有暴露途径的风险值、所有污染物经所有暴露途径的风险值。

确定修复目标值是指当污染场地风险评估结果超过可接受风险水平时，则计算关注污染物基于致癌风险的修复限值及基于危害的修复限值。

82. 地下水污染修复技术主要有哪些？

地下水污染修复技术根据原理不同，分为物理法、化学法、生物法和复合修复技术。

根据地下水污染修复位置，分为异位修复技术、原位修复技术和监测自然衰减三类。异位修复技术是指污染了的地下水经过抽取，在地表现场或离开现场进行处理的技术。原位修复技术是对污染的地下水不进行抽取，在地下含水层中原地进行处理的技术。

监测自然衰减是利用自然界的各种作用，降低污染物的毒性和数量、控制污染物迁移，如生物降解、弥散、稀释、吸附、挥发、化学作用等。通过进行地下水的监测，确定地下水中污染物自然衰减的效能。

83. 什么是地下水污染自然衰减技术？

地下水通常具有一定的自净能力，受污染的地下水一定程度上可以在自然条件下，通过生物降解、吸附、挥发、稀释、扩散、化学反应等作用，使地下水中污染物的总量、毒性、可迁移性、体积和浓度等不断下降，使污染场地的地下水不断得到净化。

地下水污染物的自然衰减过程是有条件的，必须通过对地下水环境的监测分析，来判断这些自然衰减过程是否可以达到地下水污染修复的目标。可以达到修复目标的，方可实施。该技术优点主要体现为成本比较低，处理水平较高。缺点主要表现为过度依赖于地下水的天然自净能力，修复需要的时间往往很长。

84. 什么是地下水污染原位修复技术？

原位修复技术是指不用抽取污染的地下水，而在地下含水层中直接进行修复治理的技术。主要采用物理、化学和生物的方法，使污染的地下水在“原位”得到处理以达到治理的目标。

原位修复技术有许多方法，如空气扰动、可渗透反应墙、化学氧化、化学还原、热处理、生物降解、植物修复等。不同的修复技术，对污染物的类型和特征的要求，以及对地下水污染场地水文地质条件的要求都有所不同。如对于挥发性有机污染物，可以利用空气扰动进行修复，通过挥发作用去除污染物；对于地下水中污染浓度较高的难降解污染物，可以采用注入化学反应试剂，进行地下原位氧化或还原使污染物得到去除；也可以在污染羽的下游垂直水流方向上进行沟槽的开挖，填充可与污染物发生反应的介质（如铁屑等），形成地下可渗透“反应墙”，污染物流经反应墙后得到阻截和去除。

85. 什么是地下水污染异位治理技术？

异位治理技术是指先抽取污染的地下水，然后在地表设置处理系统对污染进行处理的技术，也称抽取 - 处理技术。这一技术包括两个关键部分：一是污染地下水的抽取系统；二是污染地下水的处理系统。

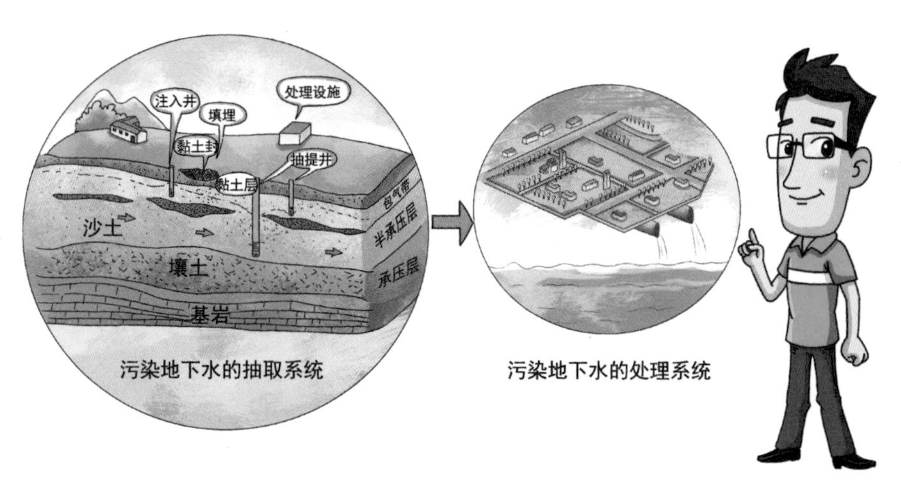

污染地下水的抽取系统由抽水井、水泵和必要的管道系统组成。通过不断地抽取污染地下水，使污染羽的范围和污染程度逐渐减小，并使含水层介质中的污染物通过向水中迁移而得到清除。

污染地下水的地面处理技术包括吸附、过滤、吹脱、离子交换、生物降解、化学沉淀、化学氧化、膜处理等。处理后的水达到相关标准后可以注入地下含水层或直接排放。

抽取 - 处理技术适用的污染物范围较广，包括有机污染物和无机污染物等，如在地下水中常见的苯系物、氯代烃、多环芳烃，以及铬、砷、铅、镉等。该技术对于迁移能力强的污染物及渗透性好的地层具有较好的治理效果。

86. 什么是可渗透反应屏障（PRB）技术？

可渗透反应屏障（PRB）技术是通过在地下构筑可透水的反应墙或是反应带，当污染地下水流经反应墙或是反应带时，污染物得以去除的一种地下水污染原位修复技术。包括两种类型：可渗透反应墙，通过开挖沟槽，填充反应介质进行修复，适合于埋藏比较浅的地下水原位修复；原位反应带，通过井排，将反应试剂注入含水层形成反应带进行修复，适合于埋藏比较深的地下水原位修复。

优点：PRB 完全可以实现在地下的原位修复，对地表构筑物影响小。可处理的地下水污染物的种类比较多，根据目标污染物不同以及反应原理不同，PRB 技术可以采用多种反应介质。反应介质具有长期有效性，无二次污染等。

缺点：有可能产生堵塞，影响 PRB 工程的实施效果，因此必须保障反应介质有足够的透水性。

87. 什么是原位化学氧化技术？

原位化学氧化技术是利用强氧化剂原位注入地下水中，实现有机污染物降解，形成环境无害的化合物。原位化学氧化技术可应用于污染土壤、含水层的原位修复。能够有效处理的污染物主要包括：挥发性有机物，如含氯溶剂、苯系物；半挥发性有机物，如农药、多环芳烃（PAHs）和多氯联苯（PCBs）等。常用的典型氧化剂有芬顿试剂、臭氧、高锰酸钾等。

该技术的主要优点表现为反应迅速，处理时间短，污染物降解去除比较彻底，修复水平较高。缺点为药剂注入与污染物均匀接触反应难以控制，处理效果高度依赖于场地的准确刻画和注入药剂输送系统的设计。此外，土壤和地下水中其他有机成分对氧化剂的消耗偏高时，会导致药剂的利用效率偏低。

88. 什么是地下水污染生物治理技术？

地下水污染生物治理技术是指利用植物、微生物、动物等生物体通过吸收、转化、利用、降解等过程清除地下水中的污染物或降低其环境风险的处理技术。主要包括可渗透生物反应屏障、生物注入法、植物修复法、生物反应器法等。

生物治理技术操作简单，可以原位开展修复，污染面积大小均适用，可处理多种污染物，成本低，二次污染少，环境影响小，是一种典型的绿色生态型治理技术。地下水生物治理技术的主要限制因素包括地层的渗透性、氮磷含量、生物适应性和污染物毒性。生物治理技术的治理周期一般较长。

89. 什么是绿色和可持续性治理技术？

绿色和可持续性治理是指在整个治理过程中对环境的影响降至最低，实现整个治理周期的环境效益最大化。其内涵核心为秉持绿色理念，从保护环境和人体健康的角度出发，选择最佳的修复技术和方案。绿色和可持续性治理技术应符合：①治理材料、水和能源等资源的耗费量较少；②治理材料应具有较高的环境友好性；③对治理过程产生的废弃物、废水等进行回收和循环再利用，提高资源的利用率；④不对环境造成破坏；⑤有毒有害气体和温室气体的排放量较低，确保空气质量不受到治理项目的影响；⑥治理过程不产生比原来的污染物毒性更强的物质。

90. 如何防止地下水污染治理的二次污染？

在地下水污染治理的过程中，各类技术的应用有可能导致污染物的扩散、新污染物的形成，以及修复技术使用的化学物质进入环境等，所有这些由于地下水污染治理带来的次生污染问题称为地下水污染治理的二次污染。例如，在地下注入空气有可能使污染物的迁移范围增大；利用化学氧化或还原处理有机污染地下水时，原来的有机污染物可能会分解产生毒性更强的中间产物；原位修复注入地下的化学药剂也有可能变为地下水中新的污染物。

防止地下水污染治理的二次污染首先要选择合适的修复技术，根据地下水污染场地的条件和修复目标，防止易带来二次污染的技术的应用；其次在修复工程设计时，要充分考虑各环节产生气、液、固体污染物的控制与处理，如通过活性炭吸附、收集后焚烧等方式去除废气，通过物理化学方法净化和回收再利用废水，通过固化 / 稳定化或填埋等方法处理污泥或其他固体废弃物。对于治理过程中新产生的污染物，也应该充分评估其影响并进行相应的处理使其无害化。

91. 如何开展地下水污染治理工程验收？

地下水污染治理工程完成后，应由地（市）以上环保主管部门组织开展地下水污染治理工程验收。验收前应进行修复（防控）效果评估，判断修复（防控）目标是否实现。

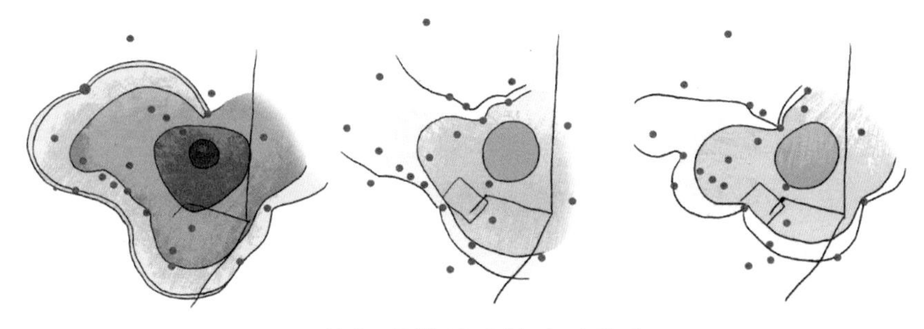

比较处理前后污染物浓度变化

在地下水污染治理工程效果评估时，需保证有足够数量的监测井，监测井应依据地下水的流向及污染区域地理位置进行设置。监测及验收时，可利用场地环境评价和修复过程建设的监测井，但需保证原监测井数量不超过验收时监测井总数的60%。从这些监测井中进行地下水取样，分析目标污染物的浓度。可采用逐个对比法或 t 检验的方法判断场地是否达到验收标准。达到验收要求后才能结束地下水污染治理工程。

92. 我国地下水污染治理面临的困难是什么？

地下水污染治理面临的困难有以下几个方面：

（1）缺乏地下水环境保护与污染控制的专门法律法规，现有的地下水环境保护与污染控制的相关法律规定分散且不系统，缺乏针对性。

（2）地下水环境标准体系有待完善，缺乏地下水污染治理相关规范和标准。

（3）缺乏有效的地下水污染治理资金渠道，投融资机制不健全，治理资金保障程度低。

（4）技术的转化与应用程度较低，缺乏标志性治理工程。

93. 地下水六价铬污染修复案例

我国北方某水源地附近曾有一家汽车配件企业，由于生产过程中含铬电镀液使用及处理不当，镀铬车间内部分“跑冒滴漏”的废水沿电缆沟汇入厂区内泵房里的井内，导致该井内地下水中六价铬含量超过我国地下水水质标准，且周边的土壤也受到六价铬污染。

场地调查阶段共设置9个土壤采样点、10口监测井。使用Geoprobe设备采集土壤样品并设置地下水监测井，地下水采样采用了地下水慢速洗井方法。调查结果显示土壤污染深度最深达 6.0m，铬最高含量约 1 500mg/kg；场地内地下水污染主要集中在浅层含水层，除混合井附近有少量污染物迁移至深层含水层外，受场地粉质黏土隔水层的阻隔，其余区域内六价铬污染均未检出。场地内须修复的地下水污染区域约 500m^3。

根据修复小试结果所确定的修复药剂及投加比，以及地下水六价铬修复目标值（0.05mg/L），采用药剂注入与原位化学还原的方法修复浅层污染地下水，即将化学还原药剂 EHC® 原位注入浅层地下水所在的土壤饱和层，利用药剂的还原性来处理六价铬污染地下水；同时辅助以抽提 - 处理技术处理深层污染地下水。药剂注入完成的一个月后，进行饱和区的第一次监测，之后每 3 个月监测一次，共进行四次监测采样。监测结果表明，1 号监测井六价铬质量浓度由 192mg/L 降至 0.01mg/L 以下；2 号监测井六价铬质量浓度从 77.2mg/L 降至 0.01mg/L 以下；3 号监测井六价铬质量浓度从 1.9mg/L 降至 0.01mg/L 以下，均达到修复目标。

94. 地下水汽油污染修复案例

美国加利福尼亚州海军军事基地加油站服役期开始于 1950 年，地下有两个 7 400gal（1gal ≈ 3.79L）的储油罐，后来增加到 8 个。1984 年 9 月和 1985 年 3 月，该加油站发生两次汽油泄漏事故，分别造成 4 000gal 和 6 800gal 汽油泄漏，随后储油罐被转移。两次汽油泄漏造成严重的地下水甲基叔丁基醚（MTBE）污染，并且形成了 5 000 ft（英尺）长（1ft=0.304 8m）、500 ft 宽的 MTBE-BTEX（甲基叔丁基醚 - 苯系物）羽状流束。经检测，其中 MTBE 的质量浓度为 1 000 ～ 10 000μg/L，叔丁醇（TBA）的质量浓度大约为 1 000 μg/L，污染源附近土壤带 BTEX 质量浓度达到 1 000 μg/L。

该污染场地目标浅水含水层为非承压层，该层距离地下水位大约 8 ft，季节变化为 1 ft 左右。其包气带含少量的沙砾和填土物质，0 ～ 30 ft 为疏松的黏土、粉土和沙子，20ft 处为黏土层。地下水距离地表 10 ～ 25 ft，其水流速度大于 0.1 ft/d。

该场地示范工程采用原位生物修复技术，运行时间从 2000 年 9 月到 2002 年 11 月。设计、布设并运行大规模生物屏障，成功降解 MTBE-BTEX，对于环境修复行业有着标志性意义，表明原位生物修复 MTBE-BTEX 是可行的；可以同时高效降解 MTBE 和 BTEX，完全可以达到相关监测标准；修复成本低廉，约为传统修复费用的 66%。

原位生物修复的原理实际上是自然生物降解过程的人工强化。它是通过采取人为措施，包括添加氧和营养物等，刺激原位微生物的生长，从而强化污染物的自然生物降解过程。除采用气冲、供氧或者过氧化氢技术提高土著菌的活性，还可接种微生物。该场地示范工程实施过程中，通过注射 MTBE 降解菌剂，筑造一道生物反应屏障，布设于汽油泄漏污染源的下游方向。水流通过生物屏障，微生物与其中的 MTBE 反应实现其无害化。生物屏障由两个增加微生物多样性的区域（氧化和接种微生物），以及两个刺激生物生长的区域（曝气和充氧）组成。整个系统运行的修复目标是有效降解 MTBE、TBA 和 BTEX，并且实现其修复质量浓度低于 10μg/L。

监测井和曝气井系统于 2000 年 8 月布设完毕，共设置 225 口监测井以及 175 口曝气井。2000 年 9 月，第一周将微生物（MC-100）沿氧化带（长约 70 ft，高溶解氧）注入，第二周将微生物（SC-100）沿氧化带（长约 70 ft，高溶解氧）注入。地下水修复地带未曝气之前，其溶解氧含量为 1mg/L。充气 / 氧化系统运行后，地下水溶解氧的含量达到 4mg/L，刺激和支持氧化反应的进行。

经过 7 个月的运行，地下水中污染物的质量浓度均低于检测限。MTBE 的质量浓度达到修复目标，其最终质量浓度低于 10 μg/L。

95. 地下水工业垃圾渗滤液修复案例

场地为位于美国佛罗里达州奥兰多市（美国国家环保局第四大区）的某工业垃圾填埋场，特征污染物为三氯乙烯和顺式 -1,2 - 二氯乙烯等氯代烃，在地下水中的最高质量浓度分别达到了 330μg/L 和 180μg/L。

场地内土质类型为砂土、粉土和黏土，上层含水层和下层含水层中间被黏土层隔开，水力传导系数低，为 1 ～ 2 ft/d，地下水位位于地表以下 5 ～ 8 ft，水力梯度约为 0.005，因此地下水流动速度比较缓慢。

污染地下水修复采用了原位强化微生物修复技术，利用微生物进行还原脱氯，并最终使三氯乙烯质量浓度下降到了 2μg/L 以下。还原脱氯的原理是利用并强化了土壤和地下水里原有的自然衰减（natural attenuation）中的生物降解进程。

第五部分
社会责任与公众参与

96. 如何客观认识地下水污染？

地下水作为重要的饮用水水源和战略资源，在维护经济社会持续发展等方面发挥着不可替代的作用。近年来，在经济社会发展过程中，我国部分地下水污染源未得到有效控制、地下水污染程度不断加重，对饮水安全保障产生了严重影响。地下水污染问题已引起政府和公众的广泛关注和重视。

公众应正视地下水污染问题，在日常生活中更多地了解地下水知识，理性看待地下水污染问题，既要看到地下水污染的严重性，也要科学合理看待地下水污染，不能盲目夸大。

在遇到突发事件时，公民不必盲目恐慌，不要道听途说，要广泛全面听取专家和政府部门的意见，并对地下水污染控制和治理充满信心。

97. 地下水污染防治是谁的责任？

地下水污染防治是全社会共同的责任。政府部门应制定地下水污染防治的目标和任务，并向公众普及地下水污染防治知识，增强公众保护地下水的意识。企业应当按照相关法律、法规及标准要求履行地下水污染监测、管理和治理义务，依法承担治理地下水污染责任。而广大公众也应从日常生活中防范地下水污染，降低地下水污染的暴露风险，为地下水污染治理提出自己的意见和建议，并对相关部门的治理措施进行监督。只有政府部门、企业和广大公众等都发挥相应的职能，才能更好地防治地下水污染。

98. 政府如何引领地下水污染防治工作？

2011 年国务院印发实施《全国地下水污染防治规划（2011—2020 年）》，地方各级人民政府是规划实施的责任主体，应分解落实地下水污染防治的目标和任务，纳入当地经济社会发展规划，制订实施方案，细化措施政策，落实地方政府环境质量负责制。

政府应完善地下水污染防治相关的法律、法规、规章制度及标准体系。政府应建立地下水环境调查、监测、评估和修复制度。政府应建立跨部门的地下水污染防治联动机制，形成合建、共享、互动的监管体系。政府应引导企业落实地下水污染防治的责任，加强地下水污染源头预防和责任追究。加强地下水环境监督和管理，并将地下水环境保护的信息公开，保障广大公众的知情权和监督权。

99. 公众在地下水污染防治中该做什么？

公众应该积极发表意见和建议，参与到地下水污染防治工作之中。

公众要学习地下水污染防治的相关知识，了解国家在这方面的相关法律、政策等，合理有序地发表对地下水污染防治工作的建议和意见；要从日常做起，保护地下水资源，倡导绿色低碳的生活生产方式，降低地下水污染的可能性。

公众还要发挥监督作用，积极了解和关心地下水环境质量，通过 12369 热线电话、微信公众号或公众信箱等途径及时准确地举报地下水污染问题，并积极参与到地下水环境管理中，监督企业的废物排放和污染治理等。

对于农民而言，要合理使用农药和化肥，控制化肥农药的用量、使用范围、喷施次数和喷施时间，提高喷洒技术，避免使用剧毒、高残留农药。

100. 企业家应如何履行地下水污染防治的责任？

依照有关法律，企业应履行地下水环境监测、管理和治理修复责任，防范地下水环境风险，采取严格的防护措施，隔断地下水污染途径。

企业家应树立地下水环境保护的责任心和社会责任感，加强对员工进行地下水环境保护的教育和知识普及，将地下水环境保护融入企业文化中，履行地下水环境监测、管理和治理责任，防范地下水环境风险，杜绝高压灌注、渗井、渗坑等恶意违法排污。

在生产过程中，企业应增加污染治理投入，完善处理设备和工艺，实行清洁生产，提高原材料利用率，从源头上预防地下水污染；对无法处理的废物应交由专门机构处置，采取严格的防护措施，隔断地下水污染途径。

企业家应积极支持地下水污染防治工作，坚持“预防为主，防治结合”和“谁污染，谁治理”的原则。制定地下水污染预案，发现地下水污染情况时，要及时告知政府和公众，及时开展地下水污染治理工作。

101. 你还能为地下水污染防治做些什么？

防治地下水污染，人人有责。从日常小事做起，注意环境卫生，合理处理垃圾，尽量使用可循环利用材料或可降解材料进行包装，提高废弃资源的回收利用率，不向地下水中排放有毒有害物质。

加强对地下水污染防治工作的认识，积极参与地下水污染防治的监督工作，阻止身边的地下水污染行为，发现身边有地下水污染的现象应及时向环保部门举报。

102. 如何发现和判断地下水可能污染了？

若周围有化工厂等易产生大量污、废水的企业，污水未集中处理或未达标排放时，可判断其附近的浅层地下水可能受到污染；另外，有建筑垃圾、生活垃圾、矿渣和炉渣等工业垃圾大量长期堆放处，其下部地下水可能已受到污染；过量施农药、化肥，或长期进行污水灌溉的农田浅层地下水也可能受到污染。

普通公众可从感官上判断地下水污染，当发现水井或是出露泉中的地下水散发异味，或用地下水浇灌的土壤颜色变化、板结、植物生长出现病态或死亡、农作物减产等现象时，可推测地下水可能受到污染。

专业的地下水监测单位可通过指示植物或动物对地下水的反应来判断地下水状况。定期进行地下水水质监测，根据单指标含量或地下水水质等级的变化可反映地下水水质是否被污染及其程度。

103. 发现地下水污染怎么办?

政府部门发现地下水污染后，应及时发布公告，使公众详细准确地了解地下水污染状况，保护公众人身安全。确定污染源，并及时控制污染源，同时封闭已污染区域，防止其继续扩大。追究排污企业责任，并指导企业和修复单位进行科学治理。

排污企业发现地下水污染后，应立即切断污染源，控制污染的进一步扩大，采集地下水样品进行测试，确定地下水污染情况，必要时在污染区域中心附近或地下水流向低处打井抽水，把已污染的水抽提上来进行处理。及时向当地环保部门报告，向公众公布地下水污染情况，避免对不知情公众造成严重伤害。

公众发现地下水污染后，应及时向当地环保部门进行举报。

104. 地下水污染了，公众应该如何防护？

发现地下水污染后，公众应立即停止使用被污染的地下水，听从政府安排，使用替代水，或暂时撤离污染区域，保护自身安全。

广泛听取专家意见和政府公告，准确了解地下水污染现状。将自己了解的情况告知周围群众，稳定公众情绪，不盲目恐慌。发现谣言传播，要及时提出更正，或向主管部门举报。

协助进行地下水污染修复，及时将周围地下水环境状况反馈给环保部门或生产企业，以便进行科学治理

发现谣言传播，要及时提出更正，或向主管部门举报

105. 哪些农业生产习惯有益于地下水污染防治？

农业生产对浅层地下水水质产生的影响极大，农药和化肥的不合理施用将造成浅层地下水污染。因此，科学的农业生产有益于地下水污染防治。

采取节水灌溉方式，如滴灌、喷灌等可有效减少水、土、肥的流失，减少肥料用量，提高肥料的利用率。严格按照《农田灌溉水质标准》（GB 5084—2005）的规定进行农田灌溉。

科学施肥，平衡施肥，减少农业化学品的使用量。控制化学农药的用量、使用范围、喷施次数和喷施时间，提高喷洒技术；自觉抵制剧毒、高残留农药的使用，推广低毒、低残留农药的使用；增施有机肥，严格控制化肥的使用范围和用量。

积极发展生态农业，减少污染。生态农业提倡减少农业化学品如化肥、农药的施用，对农业废弃物应综合利用，实现资源化处理，使其对环境的不良影响减少到最小。

106. 公众如何参与地下水相关政策与法规的制定？

公众可参与到地下水相关国策和法规的制定过程中，及时提出合理的意见和建议。公众参与地下水相关政策与法规制定的形式通常有：民意调查、听证会、征求意见、提议案等。

民意调查：政府相关部门在制定地下水污染防治政策、法规中，可通过网络、调查问卷等形式开展民意调查，公众可积极参与这一过程，向政府相关部门提出修改意见和建议。

听证会：在制定地下水相关政策和法规的过程中，应邀请公众参与，允许公众旁听，允许记者采访和报道，公众可随时发表建议和意见，听证会中获取的信息和公众意见，环保部门等应当作为立法的重要依据。对听证会中公众反映强烈的、重要的意见，法案没有采纳的应当做出说明。

征求意见：公众应及时关注国家和地方环保部门地下水污染防治相关法规、政策和标准的制定过程，公开征求意见，积极反馈意见和建议。

提议案：公众可以在有关信息公开后，以信函、传真、电子邮件或者按照有关公告要求的其他方式，向环保等部门提交议案。

107. 公众如何参与地下水污染治理？

公众要及时了解环保及相关部门公布的地下水污染防治信息。公众可以在有关信息公开后，积极参与到地下水污染防治方案的制定中，以信函、传真、电子邮件或者按照有关公告要求的其他方式，向环境保护主管部门提交对地下水污染防治的观点和意见，并在地下水污染防治方案报告书审查期间进行磋商。

形成有组织、有效率的公众参与机制，参与治理方案的制订。

在地下水污染治理的过程中，公众可定期到现场对修复过程进行了解和监督，对治理过程中存在的一些问题提出建议和意见，协助环保部门及工程实施单位开展地下水污染防治工作。通过对相关问题的交流和反馈，客观上增加相互理解，避免可能发生的冲突。

108. 如何发挥媒体在地下水污染防治中的作用？

媒体应发挥监督职能，通过广播、电视、综合性报纸、刊物、网络等介质，及时对地下水污染事件进行曝光，并实时追踪地下水污染防治及相关方的态度和行动，督促相关部门及时治理地下水。

媒体要及时宣传地下水污染治理进展，准确公告地下水环境状况，传播地下水污染防治知识，安抚公众情绪，使公众不盲目恐慌。

媒体要结合世界水日、世界环境日等节日开展环保教育和普及活动，制定关于地下水环境保护专栏节目，有计划、有针对性地普及地下水污染防治知识，宣传地下水污染的危害性和防治的重要性，增强公众保护地下水的意识，形成全社会保护地下水环境的良好氛围。

应利用各种媒介，邀请地下水环境保护方面的专家对相关法规、政策、标准等进行解读，并就当前公众关心的难点、热点问题进行解答。

109. 如何发挥社会团体在地下水污染防治中的作用？

社会团体应切实为防治地下水、保护公众利益不受威胁做出贡献。发挥社会团体科普宣传的作用，通过开展环境志愿者服务活动、社区宣传、发放科普刊物、举办讲座等形式向公众普及地下水污染的危害以及保护地下水资源的相关科学知识和法规、制度、政策等，引导广大群众积极参与和支持地下水污染防治工作。

作为一种民间力量，社会团体应发挥社会监督作用，对政府与企业在地下水污染防治中的责任开展社会监督，及时纠正政府在地下水资源管理与污染防治中的不当决策。

加强与企业的交流，对企业的地下水污染防治工作提出建议，同时对企业中可能产生的地下水污染行为，要向相关部门及时反映。

书号：
978-7-5111-3247-5
定价：23 元

书号：
978-7-5111-3169-0
定价：23 元

书号：
978-7-5111-2067-0
定价：18 元

书号：
978-7-5111-3798-2
定价：22 元

书号：
978-7-5111-3246-8
定价：22 元

书号：
978-7-5111-3209-3
定价：28 元

书号：
978-7-5111-3555-1
定价：23 元

书号：
978-7-5111-3369-4
定价：22 元

书号：
978-7-5111-1624-6
定价：23 元

书号：
978-7-5111-0966-8
定价：26 元

书号：
978-7-5111-3138-6
定价：24 元

书号：
978-7-5111-2370-1
定价：20 元

书号：
978-7-5111-2102-8
定价：20 元

书号：
978-7-5111-2637-5
定价：18 元

书号：
978-7-5111-2369-5
定价：25 元

书号：
978-7-5111-2642-9
定价：22 元

书号：
978-7-5111-2371-8
定价：24 元

书号：
978-7-5111-2857-7
定价：22 元

书号：
978-7-5111-2871-3
定价：24 元

书号：
978-7-5111-2725-9
定价：24 元

书号：
978-7-5111-2972-7
定价：23 元

书号：
978-7-5111-0702-2
定价：15 元

书号：
978-7-5111-1357-3
定价：20 元

书号：
978-7-5111-2973-4
定价：26 元

书号：
978-7-5111-2971-0
定价：30 元

书号：
978-7-5111-2970-3
定价：23 元

书号：
978-7-5111-3105-8
定价：20 元

书号：
978-7-5111-3210-9
定价：23 元

书号：
978-7-5111-3416-5
定价：22 元

书号：
978-7-5111-3139-3
定价：23 元

书号：
978-7-5111-3725-8
定价：32 元